中南大學地球科學學術文庫

丙申 何繼善

中南大学地球科学学术文库
中南大学地球科学与信息物理学院　组织编撰

新疆喀拉通克铜镍矿成矿规律与找矿预测

STUDYING ON THE MODEL OF ROCK-FORMING AND ORE-FORMING, AND THE PROSPECTING PREDICTION FOR KARATUNGK MAGMATIC Cu-Ni SULFIDE DEPOSIE IN XINJIANG

张森森　戴塔根　邹海洋　著

有色金属成矿预测与地质环境监测教育部重点实验室
有色资源与地质灾害探查湖南省重点实验室
联合资助

内容简介

Introduction

中国北疆的喀拉通克成矿带是一条重要的岩浆－构造带，其大地构造位置极为独特，地质构造复杂，岩浆活动频繁，矿产资源丰富，是西北地区重要的铜、镍等有色金属和贵金属成矿带之一。喀拉通克铜镍硫化物矿床是该成矿带内的大型岩浆型铜镍硫化物矿床。本著作针对喀拉通克铜镍硫化物矿床的特色，采用多种地学研究方法对其成矿地质条件、矿区地质及矿床地质特征、地球物理及成岩成矿地球化学特征进行了综合研究，总结出其成岩成矿模式，并根据隐伏岩(矿)体找矿预测研究提出了具体的找矿预测模型，这些成果对带动喀拉通克成矿带的新一轮找矿预测工作具有重大的地质意义。

作者简介

About the Author

张森森　1985 年 8 月生，博士，高工。主要从事岩石学、地球化学、矿床学、大地构造与成矿学、矿床定位预测、矿物流体包裹体等方向的教学和科学研究工作。先后参加完成科研项目 10 余项，公开发表学术论文 10 余篇。

戴塔根，男，1952 年生。1973 年 8 月考入中南矿冶学院，1976 年 8 月毕业留校任教。1979 年 9 月考取硕士研究生，1982 年获硕士学位。1987 年 5 月赴澳大利亚留学，1989 年 5 月获工学博士学位。1991 年由讲师破格晋升为教授，1995 年获国务院颁发的政府特殊津贴。1998 年被评为湖南省优秀教师，并记二等功。2001 年获湖南省高教系统优秀共产党员、湖南省优秀归国留学人员等称号。作为教师，在教学上做出了突出成绩，培养了数以百计的大学生和博士、硕士研究生。这些学生遍布于 10 多个国家和地区，有些已成为国际知名的专家学者。作为科技工作者，先后完成科研课题 30 多项。获省部级科技进步奖一等奖和二等奖各 1 项，三等奖 2 项，四等奖 1 项，厅级奖 5 项。公开发表学术论文 100 多篇，被 SCI、EI、CA 和 IMM 检索 30 多篇。出版专著和教材《微量元素地球化学及应用》《环境地质学》《勘查学》《C/C + + 语言教程》《大学专业基础英语》(地矿分册)等 10 余种，主编出版论文集 10 部，计 500 多万字；另编写英文教材 *Applied Geochemistry* 和 *Modern Analytical Technique for Polymetallic Nodules* 等。

邹海洋，男，1966 年生，博士。1984—1988 年就读于中南矿冶学院地质系，1988 年获矿产普查与勘探专业学士学位，并于同年 7 月进入内蒙古有色地勘局 512 地质队工作；1990 年考入中南工业大学攻读该校岩石学专业硕士学位，1993 年获该专业理学硕士学位并留校任教；1997 年攻读该校矿产普查与勘探专业在职博士，并于 2002 年获博士学位。1993 年后一直留校任教，现为该校地球科学与信息物理学院副教授、硕士生导师，先后参与完成了科研项目 20 多项，发表学术论文 30 余篇。

编辑出版委员会

Editorial and Publishing Committee

中南大学地球科学学术文库

总序

Preface

中南大学地球科学与信息物理学院具有辉煌的历史、优良的传统与鲜明的特色，在有色金属资源勘查领域享誉海内外。陈国达院士提出的地洼学说（陆内活化）成矿学理论，影响了半个多世纪的大地构造与成矿学研究及找矿勘探实践。何继善院士发明的电磁法系统探测方法与装备，获得了巨大的找矿勘探效益。他所倡导与践行的地质学与地球物理学、地质方法与物探技术、大比例尺找矿预测与高精度深部探测的密切结合，形成了品牌效应的“中南找矿模式”。

有色金属属于国家重要的战略资源。有色金属成矿地质作用最为复杂，找矿勘查难度最大。正是有色金属资源的宝贵性、成矿的特殊性与找矿的挑战性，铸就了中南大学地球科学发展的辉煌历史，赋予了找矿勘查工作的鲜明特色。六十多年来，中南大学地球科学研究在地质、物探、测绘、探矿工程、地质灾害和地理信息等领域，在陆内活化成矿作用与找矿勘查、地球物理探测技术与装备制造、深部成矿过程模拟与三维预测、复杂地质工程理论与新技术以及地质灾害监测等研究方向，取得了丰硕的研究成果，做出了巨大的科技贡献，产生了广泛的社会影响。当前，中南大学地球科学研究，瞄准国际发展方向和国家重大需求，立足于我国复杂地质背景下资源勘查与环境地质的理论与方法创新研究，致力于多学科联合开展有色金属资源前沿探索与应用研究，保持与提升在中南大学“地质、采矿、选矿、冶金、材料”特色与优势学科链中的地位和作用，已发展成为基础坚实、实力雄厚、特色鲜明、国际知名、国内一流的以有色金属资源为主兼顾油气、岩土、地灾、环境领域的人才培养基地和科学研究中心。

中南大学有色金属成矿预测与地质环境监测教育部重点实验室、有色资源与地质灾害探查湖南省重点实验室，联合资助出版“中南大学地球科学学术文库”，旨在集中反映中南大学地球科学与信息物理学院近年来取得的系列研究成果；所依托的主要研究机构包括：中南大学地质调查研究院、中南大学资源勘查与环境地质研究院和中南大学长沙大地构造研究所。

本书库内容主要涵盖：继承和发展地洼学说与陆内活化成矿学理论所取得的重要研究进展，开发和应用双频激电仪、伪随机信号电法和广域电磁法系统所取得的重要研究成果，开拓和利用多元信息找矿预测与隐伏矿大比例尺定位预测所取得的重要找矿成果，探明和研发深部"第二勘查空间"成矿过程模拟与三维定量预测方法所取得的重要研究成果，预警和防治复杂地质工程与矿山地质灾害所取得的重要技术成果。本书库中提出了有色金属资源勘查理论、方法、技术和装备一体化的系统研究成果，展示了多项突破性、范例式、可推广的找矿勘查实例。本书库对于有色金属资源预测、地质矿产勘探、地质环境监测、地质灾害探查以及地质工程预防，特别对于有色金属深部资源从形成规律到分布规律理论与应用研究，具有重要的借鉴作用和参考价值。

感谢中南大学出版社为策划和出版该文库所给予的大力支持。感谢何继善先生热情指导和题词。希望广大读者对本书库专著中存在的不足和错误提出宝贵的意见，使"中南大学地球科学学术文库"更加完善。

是为序。

2016 年 10 月

前言

Foreword

新疆喀拉通克铜镍多金属成矿带，以其丰富的矿产资源和复杂的地质－成矿特征历来受到广大地质工作者的重视；目前，在该成矿带内已发现萨尔布拉克金矿、乔夏哈拉铜(铁)金矿、喀拉通克铜镍矿、卡拉先格尔铜矿、玛热勒铁金矿、科克萨依金矿、索尔库都克铜(钼)矿等矿床和多处矿优点，是铜、镍、金等金属的矿化集中区。

1935—1958 年，由苏联地质人员和我国少数老地质工作者完成了该区小比例尺大区域路线地质调查和概略普查，初步调查和粗略认识了全区的地质、矿产状况。1959—1977 年，新疆地质局区测队和地质部航空物探队等单位进行了区域地质调查和航磁测量等工作，初步确立了区域地层层序、构造格局、岩浆活动类型及期次。新疆地质局第四地质大队于 1978 年发现了喀拉通克铜镍矿床，随即进行初查、初勘工作，并于 1985 年提交了矿床勘探中间报告，提出该矿床为岩浆型铜镍硫化物叠生矿床。喀拉通克矿床自 1985 年底开始建矿，1989 年 8 月正式投产。“七五”期间，由新疆地质局第四地质大队牵头，中国地质科学院矿床地质研究所、中国地质科学院地质力学研究所、中国科学院贵阳地球化学研究所、成都理工大学、中国地质大学、地质矿产部地球物理地球化学研究所、新疆地矿局测试中心等七家单位，共同承担和完成了“喀拉通克铜镍成矿带地、物、化综合研究及找矿靶区优选”二级国家重点攻关项目，对区域地质、典型矿床、地球物理、地球化学特征和成矿规律等方面进行了较详细的工作。以往的这些地质、物化探工作无疑为本区开展专题研究奠定了良好的基础，但由于当时的方法、手段和认识的局限性，这些资料需要不断地修正和补充，在此基础上提出新见解，才能更好地、客观地反映本区的地质规律，为祖国的西北大开发作出新的贡献。

随着现代科学技术的迅猛发展和人类对矿产资源需要的日益增长，各种地表、近地表和易识别矿产资源基本上已被发现，地质找矿工作已进入一场新的革命，正由地表矿、近地表矿和易识别矿的勘探转向寻找隐伏矿、深部矿和难识别矿。目前国内外在隐伏矿产资源的找矿预测方面的进展主要表现在：拓宽找矿思维，改进找矿模式，引进和不断完善新技术新方法，对各种与成矿有关的信息进行综合研究。

喀拉通克矿床自1985年底开始建矿，1989年8月正式投产，已建成采矿井、冶炼厂工程，年产高冰镍近5000 t，且高冰镍产量近年迅速提高。由于特富矿的剩余资源越来越少，在近年的二期工程建设中，建成了选矿厂，采矿由建矿初期的以采特富矿为主，逐步转向贫富兼采，随着矿山生产的不断开展，已探明储量已不能满足矿山扩大生产和可持续发展的需要，然而，种种信息表明，其后备资源日趋紧张。多年来，先后有多家地勘单位和科研机构对其进行了找矿研究，获得了一些有价值的资料，但对该矿床的资源潜力尚未作出明确的结论，矿区内及附近仍有较大的找矿潜力，利用矿山生产高峰期间良好的财力、人力和效益条件，以及现有坑道和设备，在矿区内开展地质找矿工作，找到新的接替资源或对矿区找矿潜力作出客观的、科学的结论，已势在必行。新疆公司和喀拉通克铜镍矿的领导们也深深体会到矿产资源是矿山的命脉，必须有足够的后备资源，才能维持矿山的可持续发展。在新疆公司和喀拉通克矿山领导高瞻远瞩的思路指导和国家西部开发的大环境下，“新疆喀拉通克铜镍硫化物矿床成矿规律及找矿预测研究”项目正式启动。

本次研究工作主要采用了地质综合分析法、岩石学分析法、地球化学分析法(包括微量元素分析法、稀土元素分析法、同位素地球化学分析法等)、成矿流体包体分析法、地球物理研究法和多因素信息综合分析法。研究内容主要包括区域成矿地质条件、矿区地质特征、矿床地质特征、地球物理特征、成岩成矿地球化学特征、成岩成矿模式研究，以及隐伏岩矿体找矿预测研究和地学综合找矿预测模型研究。

本次研究自2000年5月开始，至2002年7月结束，历时两年多。研究工作以野外调研为基础，历经野外120个工作日以及部分室内测试和分析研究，完成的工作主要有：

(1)野外地质调查30 km^2；

(2)野外路线地质剖面42 km;

(3)野外地质观测点324个,采样306块;

(4)检查重力异常12个;

(5)实测磁法剖面27条,共计25.8 km,5160个点;

(6)实测电法剖面82条,累计72 km,3600个点;

(7)进行矿点检查3个:乔夏哈拉矿床、阿克塔斯矿点、加布沙矿点;

(8)磨制、鉴定薄片及光块共计106件,粉样32件;

(9)编制物探激电异常及电阻率异常平、剖面图,磁法剖面图;

(10)完成硅酸盐全分析12件,稀土元素全分析15件,铂族元素分析16件;

(11)完成爆裂法测温2件,包裹体气相成分测定3件,液相成分测定2件。

通过对研究矿区的地质资料和现场的系统地质调查,及室内的分析研究工作,完成了研究项目并综合整理成《新疆喀拉通克铜镍矿成矿规律与找矿预测》一书。本书取得了如下主要地质认识:

(1)通过对含矿岩体进行系统的岩石学和岩石化学研究,得出了主要岩体岩石学特征和岩石化学特征,指出本区含矿岩体属正常类型的镁铁质侵入体,具有富镁铁、贫钙、略富碱和贫硅、铝的特点。岩浆分异好、基性程度高的岩体含矿品位好,主要岩体的岩相分带明显,由辉绿辉长岩、橄榄苏长岩、苏长岩和闪长岩相带构成,各岩相带之间均呈渐变过渡关系。

(2)岩体的稀土元素配分模式,为相对富集轻稀土亏损重稀土的缓倾斜曲线,说明原始岩浆是地幔物质部分熔融的产物;金属硫化物的硫同位素组成变化范围小,呈塔式分布,峰值在0‰附近,根据共生矿物对计算出的总硫同位素组成基本一致,具有陨石硫特征;主要岩体的铷锶同位素的初始比值为0.7033~0.7044,主要岩体的铷锶等时线年龄为288~302Ma;岩体的铅同位素主要落于大洋火山岩铅范围;这些均表明成岩物质来源于地幔,其母岩浆是起源于地幔的亚碱性橄榄拉斑玄武岩浆。

(3)系统研究了本区的围岩蚀变特征,主要岩体的侵位使围岩发生接触热变质、碳酸盐化、硅化;岩体内部的蚀变作用发育,主要蚀变有滑石化、蛇纹石化、皂石化、绿泥石化、阳起石化、绢云母化、钠黝帘石化、碳酸盐化、钠长石化、硅化和葡萄石化等。

(4)通过对矿床中矿物成分、矿物共生组合、矿石化学成分、矿石的结构构造等的研究，把矿石分为致密块状矿石、稠密浸染状矿石、中等稠密浸染状矿石及稀疏浸染状矿石等类型。在矿体中，一般情况下致密块状特富矿矿石居中，向外依次为稠密浸染状矿石、中等稠密浸染状矿石和稀疏浸染状矿石。致密块状矿石与稠密浸染状矿石之间，一般界线明显，而各类浸染状矿石之间以及它们与围岩之间则呈渐变过渡关系。但也存在致密块状矿石与稀疏浸染状矿石，甚至与围岩直接相接触的现象。致密块状特富矿石可分为致密块状特富铜镍矿石、高铜致密块状矿石，它们是由深部熔离的矿浆侵入形成的，这一点在岩(矿)石的稀土元素组成中，得到了证明。

(5)对本区南、北岩带的岩矿石进行了较详细的稀土元素和铂族元素地球化学分析，首次从元素地球化学方面论证了本区南、北岩带含矿岩体的成岩成矿母岩为同一来源。

(6)在综合分析研究区的区域成矿地质背景、矿床地质特征、元素地球化学特征、矿物包体成分的基础上，首次提出本区的主要成矿元素主要来源于地球核幔边界的新观点，建立了成岩成矿模式。

(7)证实和确立了本区的地球物理找矿标志是“三高一低”，即高磁异常(大于630nT)、高激电异常(大于7%)、高重力异常和低电阻率(低于150 Ω · m)。

(8)在详细分析本区的地球物理综合异常的基础上，结合本区已知矿床产出的成矿条件、矿床的地质特征、地球化学特征、控矿地质因素等，首次总结归纳了本区的找矿预测准则，圈定了两个找矿预测区，确定了找矿预测靶位，进一步建立了多元地学信息找矿预测模型。

目录

Contents

第 1 章　大型 – 超大型铜镍硫化物矿床研究进展

镍是一种有色金属，银白色，密度 8.8 ~ 8.9 g/cm^3，硬度 5，熔点 1455℃，沸点 2730℃，延伸率 25% ~ 45%，电导率 12.9 S/m，具有良好的机械强度和延展性，难熔、抗侵蚀、不易氧化，在工业上有广泛的用途。镍金属主要用来制造不锈钢、高镍合金钢和合金结构钢，被广泛用于飞机、导弹、宇宙飞船、坦克、车辆、轮船等领域的机械制造业。镍还可作陶瓷颜料、防腐镀层，在电子工业、化学工业方面应用也极为广泛。另外，镍用于电池工业，具有体积小、储电多的优点，在现代通信、儿童玩具和小电工工具产业中，发挥着越来越重要的作用。目前，镍金属已成为工业上不可缺少的重要原料。

镍的开发利用已有两千余年的历史。早在公元前 200 年，俄巴特里王朝就开始用镍合金模压金币，而广泛的开采利用是在工业革命之后。在 18 世纪，镍矿产地主要为挪威南部和波罗的海周围的一些铜镍硫化物矿床。直到 19 世纪，世界镍金属主要还来自挪威南部[1]。

1865 年，法国人加尼尔在法属新喀里多尼亚发现了大量的硅酸镍矿。1856 年，A. P. 萨尔在加拿大修建铁路时发现萨德伯里铜镍矿的磁异常；随后墨累检查异常、采样分析，发现大量含 Ni 1%、含 Cu 2% 的铜镍矿石，但因交通不便，直到 1883 年才开展系统的地质工作，于 1886 年发现克里斯顿矿床，逐步揭开了世界闻名的萨德伯里超大型铜镍硫化物矿床的面纱。20 世纪上半叶，苏联人在科拉半岛和泰梅尔半岛找到了重要的硫化镍矿床。这些矿床是 20 世纪 50 年代以前世界镍矿最重要的生产矿山。

20 世纪 50 年代以后，世界范围的镍生产发展很快，最重要的发现有澳大利亚耶尔岗地块太古宙科马提型硫化镍矿，中国金川、红旗岭镍矿，以及苏联诺里尔斯克地区一些新的硫化镍富矿体等。

1.1　镍矿床类型

镍是第四周期第Ⅷ族元素，属亲铁元素，它在地壳中的丰度为 58×10^{-6}，主要集中于基性、超基性岩中。在自然界镍常呈 Ni^{2+} 存在，其离子半径为 69 pm，具有很强的亲硫性。因此在基性、超基性岩浆中，当含有很丰富的硫时，镍优先与硫结合，与部分的铁、铜、钴等亲硫元素一起形成硫化物熔浆，并从硅酸盐岩浆中分离出来，在一定的条件下形成岩浆型铜镍硫化物矿床。当岩浆中硫的含量不足时，镍则作为镁的类质同象物，进入富镁的硅酸盐矿物中。在后期较酸性的岩浆中，镍往往与砷、钴、硫一起进入热水溶液，生成镍和钴的砷化物和硫化物脉状矿床。在表生条件下，镍不易氧化，但活动性强，当富含镍的岩石受风化淋滤时，镍可以从中析出，并在一定的层位富集形成红土型镍矿床。

已知的镍矿物有50余种，其中较常见的具有工业意义的含镍矿物主要有：镍黄铁矿、紫硫镍矿、针镍矿、辉镍矿、方硫镍矿、红砷镍矿、砷镍矿、辉砷镍矿、暗镍蛇纹石、镍绿泥石和绿高岭石等。

根据目前已知镍矿床产出的地质环境、围岩的性质、矿石的物质组分以及矿床成因，可将镍矿床分为四大类型：岩浆型铜镍硫化物矿床、热液型砷镍矿床、红土型镍矿床和沉积型镍矿床。岩浆型铜镍硫化物矿床与基性、超基性岩有关，它因分布广泛、资源丰富、品级较高、选冶技术条件较简单而成为当前镍生产的主要来源；红土型镍矿床为超基性岩风化而成，具有埋藏浅、规模大的特点，但冶炼较复杂，成本较高，目前还没有被广泛利用。随着冶炼技术的提高，这种类型的矿床也已逐渐显示出极大的经济潜力，是镍生产重要的接替资源。热液型砷镍矿床及沉积镍矿床资源量很少，不具有重要的经济意义。此外，在某些火山喷气成因的硫化物矿床及沉积变质的铀矿床中，往往伴生有一定数量的镍资源，也具有一定的经济意义。

1.2 岩浆型铜镍硫化物矿床

1.2.1 铜镍硫化物矿床的研究意义

铜镍硫化物矿床已经引起国际地质界和矿业界的广泛关注并成为了地球科学界的研究热点，截至目前研究主要集中于以下几个方面：

(1)大型 - 超大型铜镍硫化物矿床往往是多种有用金属富集的天然矿源库，如产于太古宙绿岩带中的汤普逊矿带，产于元古宙大陆边缘裂谷的金川铜镍硫化物矿床，产于元古宙大陆内部裂谷的萨德伯里镍矿床和含镍的布什维尔德杂岩体等。这些矿床既有与一般矿床类似的成矿规律和赋存条件，又有其独特的特点[3, 23]。对这类矿床的成矿机理、构造背景、矿质来源及成矿母岩等特征进行多学科综合研究，不仅有助于丰富成矿理论，为寻找该类型矿床提供直接理论依据，而且可以开拓找矿思路，为寻找新的矿种或不同类型矿床提供间接理论依据。

(2)大型 - 超大型铜镍硫化物矿床成矿物质往往多为地幔来源，其中蕴藏有非常丰富且十分重要的地球深部信息，是了解地球深部结构特征和动力学机制的直接窗口。通过对铜镍硫化物矿床的形成机理研究，可以指导找矿，并可获取地球深部结构特征、地球内部物质与能量转化、地球各圈层之间的物理化学过程、能量调整与均衡、岩浆形成与演化、岩石圈块体驱动机制等信息，同时还有助于认识各星体之间的相互作用及全球气候与环境变化之间的关系。

(3)从资源现状与经济发展的需要来看，铜、镍、铂族元素矿产资源的不足，严重制约着国民经济发展的步伐[3]。要解决大规模经济建设与现有矿产资源不足之间的矛盾，一方面要提高冶炼工艺和有用元素的二次回收与综合利用[4]，另一方面，更为重要的是要寻找一批大型 - 超大型矿床，铜镍矿床即是重要的寻找目标之一。以此为依托，建立并巩固强有力的工业基地，才能促进国民经济的高速发展。

1.2.2 铜镍硫化物矿床的分类

铜镍硫化物矿床直接与基性和超基性岩浆作用有关，长期以来很多地质学者都试图通过对其成矿母岩——镁铁质和超镁铁质岩的分类来研究铜镍硫化物矿床与不同类型的镁铁质 - 超镁铁质岩体的关系。其中 Naldrett A J 对此作出了重要的贡献[5]。1979 年国际地质对比计划第 161 项(与镁铁质 - 超镁铁质岩有关的岩浆型硫化物矿床)，建议以 Naldrett 和 Cabri 的分类为基础，采用由 7 个国家的地质学代表提出的新分类方案。该方案以岩体产出的构造环境及镁铁质和超镁铁质母岩的性质为分类的基本依据，把镁铁质和超镁铁质岩体分为如下三大类及 10 种组合[6]：

1. 同火山期岩体

(1)科马提岩套：①熔岩流；②层状岩床；③纯橄榄岩 - 橄榄岩透镜体；④类型未定的再改造岩体。

(2)拉斑玄武岩套：①同火山期层状苦橄拉斑玄武岩侵入体；②斜长岩体。

(3)亲缘性不明或未证实的岩体：①层状侵入岩；②构造变形再改造的岩体。

2. 克拉通地区的侵入体

(1)与溢流玄武岩有关的侵入体。

(2)未经证实与溢流玄武岩有关的大型层状杂岩：①带状岩体，包括两小类：(a)有重复分层现象的岩体，(b)无重复分层现象的岩体；②似脉状岩体。

(3)其他中小规模侵入体。

(4)碱性超镁铁质岩。

3. 造山运动期间侵入的岩体

(1)同造山期间的侵入体。

(2)构造侵位的岩体：①蛇绿岩杂岩；②可能的地幔物质挤入的岩体。

(3)阿拉斯加型杂岩体。

在上述分类中，有些类型是重要的铜镍硫化物矿床的母岩，而有些类型则是很少含矿的。如 Naldrett(1973)指出：蛇绿岩体、阿拉斯加型岩体、金伯利岩及含碳酸盐的环状杂岩体之类的碱性岩体等，它们即使赋存有矿床也是极少数的。实际上占硫化镍资源总量 95% 的岩体类型只有克拉通区与溢流玄武岩有关的侵入体，大型层状侵入杂岩，萨德伯里型岩体和科马提型岩体四种类型。

如果暂不考虑那些成矿机会很少的类型，而把成矿条件件相似的类型合并起来，可将目前已知的岩浆型铜镍硫化物矿床归为如下三大类。

Ⅰ. 前寒武纪绿岩型矿床

该类矿床的基本特征是矿床均产于前寒武纪绿岩带内，含矿岩体与科马提岩套或与镁铁质岩系紧密伴生，根据岩体的岩石类型和侵位的方式又可分为：

Ⅰ -1. 与超镁铁质熔岩流有关的矿床

含矿岩体一般产于科马提岩套的下部。主要岩石类型为苦橄岩、橄榄岩、辉石岩，岩石化学成分中氧化镁含量大于 15%，最高可达 40%；局部保存有科马提岩特征的鬣刺结构或枕状构造。矿体呈似层状、透镜状，产于熔岩流的底部或底板的沟槽内，镍矿层横向上可相变为燧石和泥质岩。矿石矿物组合为黄铁矿、磁黄铁矿、镍黄铁矿和黄铜矿，含少量铂族元素。矿石具浸染状构造和块状构造，多为富矿，镍铜比值为 10 ~ 16，典型矿床有西澳的卡姆巴尔达、津巴布韦的丹巴、加拿大的 Langmuir 等矿床，多为中小规模矿床。

Ⅰ -2. 与超镁铁质侵入体有关的矿床

矿体产于太古代绿岩带内科马提岩套的下部。含矿岩体为蛇纹石化的纯橄榄岩、橄榄岩，呈岩床或透镜体形式侵入到火山岩或沉积岩之中。岩石化学成分中氧化镁含量很高，可达 45%。矿石以浸染状构造为主，少量具块状、角砾状或填隙状构造，含镍 0.4% ~ 1%，品位较低，镍铜比值一般为 19 ~ 30，最高可达 70，同时含钴、铬及铂族等有用元素。典型矿床如西澳的阿格纽、凯思山和福利斯坦尼亚等矿床，该类矿床规模一般较大。

Ⅰ -3. 与拉斑玄武岩有关的矿床

本类型矿床包括苏联贝辰加地区的矿床和加拿大 Lynn Lake 区的矿床。它们多数产于太古宙克拉通内或边缘的早元古代活动带内，与拉斑玄武质火山作用有关。含矿岩体由橄榄岩、辉石岩、辉长岩组成，呈岩床或透镜体形式侵入到火山岩与沉积岩的接触带中。岩石的基性程度较低，矿石具浸染状、块状、角砾状和细脉状构造，镍铜比值为 1 ~ 2，镍钴比值为 50 左右。本类型矿床与上述两个亚类相比，岩体中氧化镁含量较低，矿石中含铜较高。Ⅰ -1 和Ⅰ -2 亚类矿床与科马提岩套有关，分别是同一来源的科马提岩浆的喷出相和侵入相，故此，这两亚类矿床可合称为科马提型镍矿床。

Ⅱ．与大陆裂谷作用有关的矿床

该类型矿床的成矿构造环境为克拉通内的裂谷、克拉通之间或边缘的活动带。岩体是在拉张环境下，沿大断裂带或裂谷带侵位形成的巨大的多旋回层状侵入体，或单旋回多岩相侵入体。该类型矿床根据岩体类型和成矿背景不同可分为如下两个亚类：

Ⅱ－1．与溢流玄武岩有关的侵入体内的矿床

这类矿床最典型的代表是苏联的诺里尔斯克矿床、美国的德卢斯矿床和南非的因西兹瓦矿床。在稳定的地台区，在拉张的环境下，地壳内大规模的裂谷作用促使一些大的断裂带产生，地壳下伏的玄武岩浆沿这些断裂带上涌，溢出地表，构成厚度大、面积广阔的玄武岩流。在岩浆通道或周围的基性岩浆侵入体内伴生有铜镍硫化物矿化。含矿侵入体的岩石类型，在诺里尔斯克矿床的为苦橄岩、橄榄辉长岩、苏长岩、粗玄岩等；在德卢斯矿床的主要为橄榄岩、苏长岩、辉石岩。矿体呈透镜状、脉状、似层状产出。矿石组分较为复杂，除铜、镍外，尚有钴、铂、钯等有用元素，矿石中镍铜比值为 0.5～1.5，镍钴比值为 16。矿床规模很大，多为大型或超大型矿床。

Ⅱ－2．大型层状侵入杂岩体内的矿床

本类矿床以南非布什维尔德含矿的侵入杂岩体为代表。杂岩体是在稳定克拉通环境下沿某些大的断裂带侵入的，它以规模大、岩石类型复杂并呈层状多次重复出现为特征。侵入杂岩体由苏长岩、橄榄岩、辉石岩、辉长岩和斜长岩等组成，岩体中矿物层理和粒序层理都很发育。镍矿化主要与辉石岩相、橄榄岩相有关，矿石品位较低，镍品位为 0.35% 左右，伴生有铜、铂族等有用元素，是目前世界上最大的低品位铜镍硫化物矿床。

Ⅲ．显生宙造山带内与镁铁质－超镁铁质侵入体有关的矿床

该类矿床分布很广，但大矿不多，其中重要的有我国的红旗岭、挪威的 Rana 和美国缅因州的 Moxie 和 Katahdin 矿床。岩体主要是由岩浆沿造山运动期间的区域性大断裂带侵入形成的，受造山晚期的构造变形和变质作用影响，岩石类型复杂，主要由橄榄岩、辉橄岩、辉石岩、苏长岩、辉长岩和闪长岩等构成，主岩相一般为辉长岩，超基性岩位于岩体的下部。镍矿化发育于基性程度较高的岩相中，矿石主要呈浸染状、块状或角砾状构造，镍品位为 0.6%～5%，镍铜比值为 2～10，伴有钴矿化，含矿岩体具有多次侵入的特点。

除上述矿床类型外，还有一种特殊类型的铜镍硫化物矿床，如萨德伯里超大型铜镍硫化物矿床。该矿床的成矿岩体位于苏必利尔克拉通南缘元古宙活动带内，含矿岩浆沿着上覆的白水系与下伏的早元古代绿岩和花岗质片麻岩之间的接触带侵入，形成东西长 60 km，南北宽约 30 km 的巨大的岩盆状侵入体。主要岩相由下而上为苏长岩、辉长岩、文象斑岩及闪长岩，总体成分为基性岩。铜镍矿

体产于岩体边缘，或与岩体外围贯入的基性岩墙伴生。其成矿地质背景和矿床特点类似于Ⅱ-2的大型层状侵入杂岩体的矿床。最初，萨德伯里构造被认为是一个破火山口；随后，Diete 研究了侵入体南缘石英岩中的震裂锥后，认为它是一个陨石碰撞坑[7]。之后，很多人在研究了岩石的碰撞组构的基础上提出萨德伯里构造是在2000 Ma前由一个巨大的陨石的冲击而成的，在巨大能量释放的诱发下，幔源岩浆上涌、侵位，故含矿岩体的生成是一种罕见的地球外部事件诱发的结果[8]。因此，有人把萨德伯里矿床作为宇宙源成矿的代表。由于该矿床储量很大，估计镍金属量可达1250万t，约占世界硫化镍资源量的四分之一，因此，一般把这类矿床看作一种特殊的矿床类型。

1.3 岩浆型铜镍硫化物矿床的成矿地质时代

在整个地质时期均有镍矿床生成，但按各个地质时代形成的镍资源量统计，岩浆型铜镍硫化物矿床的最重要成矿期[9-11]为早元古代，其次为太古宙、古生代和中生代。

最老的镍矿床产于太古宙绿岩带中，为科马提型铜镍硫化物矿床，主要见于西澳、南非及加拿大等地盾区。成矿时间多数为2600~2900 Ma。矿床的形成直接与绿岩层序下部的超镁铁质岩石中的层状超镁铁质侵入岩或科马提岩流有关，如西澳的卡姆巴尔达、加拿大的阿比提比、非洲津巴布韦的特罗津和尚加尼等矿床。

早元古代是目前已知的最重要的镍成矿期，世界上一些大型镍矿床都形成于该时期，如加拿大的开普史密斯矿带、汤普逊矿带(2300 Ma)、萨德伯里矿床(1900 Ma)、南非的布什维尔德(2100 Ma)和苏联的贝辰加(1780 Ma)矿床，以及中国华北地台区的一些矿床(2300 Ma)。这些铜镍硫化物矿床一般与大型似层状侵入体有关，产于稳定地台区，受控于陆内大断裂带或活动带。

中、晚元古代的铜镍硫化物矿床数量不多，美国的德卢斯矿床(1300 Ma)、加拿大的大湖镍矿都可能是这一时期(晚元古代)形成的矿床。该时期的矿床多数产于地台区内的活动带，与基性侵入杂岩有关。

古生代的镍矿数量多，但规模一般不大，较重要的有中国的红旗岭镍矿，挪威的拉纳镍矿。矿床受造山期大断裂控制，与分异的基性-超基性侵入体有关。

中生代的铜镍硫化物矿床代表性的有苏联的诺里尔斯克镍矿和南非的因西兹瓦镍矿，这些矿床与沿大断裂带活动的溢流玄武岩中的镁铁质-超镁铁质岩有关。

新生代形成的有价值的铜镍硫化物矿床极少，仅见于美洲西海岸，如加拿大的贾恩特镍矿，生成于始新世，矿床的形成与辉石岩体和角闪石岩体中的橄榄岩岩筒有关。

1.4　岩浆型铜镍硫化物矿床的物质成分特征

1.4.1　矿石矿物特征

岩浆型铜镍硫化物矿床的矿物成分和化学成分相对比较复杂。最主要的金属硫化物有磁黄铁矿、镍黄铁矿、黄铜矿、黄铁矿等；在某些浅成(或表生)矿床中经常见到紫硫镍矿、针镍矿、辉镍矿等矿物；在某些基性程度较低的岩体内的矿床中常有闪锌矿、方铅矿、方黄铜矿、斑铜矿、硫钴矿、碲金矿，还有少量硫铂矿、砷铂矿、硫镍钯铂矿、硫钌锇矿、锑钯矿等。伴生的金属氧化物有磁铁矿、铬铁矿、含钛磁铁矿、赤铁矿等。最主要的有用元素为镍、铜、钴和铂族元素(铂、钯、铱、锇、铑、钌、钯)，还有部分矿床含金、银、硒、碲等。

1.4.2　矿床地球化学特征

几乎所有的铜镍硫化物矿床都与镁铁质或超镁铁质岩体密切相关[1,9-14]，矿床成矿元素具有如下地球化学特征：

(1)铜、镍、铁的金属原子数与硫原子数的比值较稳定。

(2)矿床中某些组分的含量常呈现明显的垂向变化：如镍、铜、铂、钯、金向下逐渐增加，至矿体底部有分凝形成的块状硫化物和脉状矿体；而铁、钴、铑、钌、铱、锇等常呈相反的垂向变化。

(3)铅、锌一般对硅酸盐母岩浆的选择性不强。

(4)科马提岩岩浆形成的矿体的硫化物中 Cu/(Cu + Ni) 比值为 0.04 ~ 0.06，明显低于拉斑玄武岩岩浆形成的矿体的硫化物的相应比值(0.25 ~ 0.59)。

(5)在铂族元素方面：科马提岩岩浆形成的矿体的硫化物中 Pt/(Pt + Pd) 比值为 0.38 ~ 0.36，(Pt + Pd)/(Ru + Ir + Os) 比值为 0.44 ~ 1.44；而拉斑玄武岩岩浆形成的矿体的硫化物中 Pt/(Pt + Pd) 比值为 0.28 ~ 0.72，(Pt + Pd)/(Ru + Ir + Os) 比值为 7.54 ~ 19.27。其中的(Pt + Pd)/(Ru + Ir + Os) 比值与母岩浆中的氧化镁含量呈大致正相关关系。

(6)矿石中的硫主要来源：时代古老的铜镍硫化物矿床的硫主要来源于深部地幔。时代较新的铜镍硫化物矿床(如诺里尔斯克和德卢斯)硫化物中含有大量来源于地壳的硫。戈德列夫斯基和格里年科指出，采自诺里尔斯克的 15 个硫化物样品，S^{32}/S^{34} 的平均值为 22.02(相当于 $\delta^{34}S$ 值为 +9.52‰)，认为重硫是含矿岩浆从所侵入的泥盆纪硬石膏层中获取的，同时在侵入煤系地层中获得的碳使硫酸盐还原为硫化物；德卢斯杂岩体底部某些矿带的重硫 $\delta^{34}S$ 值为 +13‰ ~ +15‰，硫化物与石墨密切伴生在一起，并且含矿母岩中含有部分浸渍的含明矾的

包裹体。Naldrett A J认为：这可能与地幔中的硫随着时间的演化其含量趋于枯竭有关。[5-7, 15]

(7)成矿岩体和各类浸染状矿石的稀土含量特征为轻稀土相对富集型，而致密块状特富矿的稀土球粒陨石标准化曲线较平坦，明显不同于各类浸染状矿石，反映出在深部环境中硫化物已经熔离的特征。

(8)初始锶同位素比值显示成岩成矿物质主要来自地幔，但受到地壳物质不同程度的混染。[14, 16]

(9)随着^{187}Re半衰期的精确测定以及微量Re－Os同位素质谱测试技术的趋于成熟，自20世纪80年代以来Re－Os同位素体系已较为广泛地应用于与镁铁－超镁铁岩有关的Cu、Ni、Pt族矿床的成矿物质来源判别、成矿演化研究及成岩、成矿年龄测定。南非Bushveld、美国蒙大拿州Stillwater、加拿大安大略省Sudbury和俄罗斯Norilsk等矿床相继开展了这方面的研究。就目前积累资料认为，地壳比地幔积累有较多放射性成因的Os同位素成分。由于地幔相对于大部分地壳Os亏损，而Re强烈富集[17-20]，故Re/Os比值随时间演化会明显不同：$(^{187}\mathrm{Re}/^{188}\mathrm{Os})_{\text{地幔}}=0.12589$；$(^{187}\mathrm{Re}/^{188}\mathrm{Os})_{\text{地壳}}=0.13315$，可见从地幔到地壳Os产生了差异明显的地球化学积累。

(10)流体的参与对于断裂的活动和岩浆的形成、演化起着催化作用，在流体作用下的碱交代作用是超大型矿床形成的一种机制，矿床的规模决定于碱交代作用的规模及深部HACONS流体的活动强度和高效富集作用[21-23]。

1.5 岩浆型铜镍硫化物矿床的成因理论

铜镍硫化物矿床的开发已有几千年的历史，但直到16世纪中叶，有关矿床成因的某些观点才被提出。目前，关于岩浆铜镍硫化物矿床的成因理论很多，比较流行的有结晶分异说、熔离说、同化说、堆积说和矿浆说等。

1.5.1 结晶分异说

该学说根据岩体中发育的成层构造或组分层理，认为金属硫化物的富集是由结晶分异和重力沉降作用形成的。地壳的深部的含矿基性岩浆，在上侵过程中由于环境的温度和压力降低，岩浆中的矿物就开始结晶析出，其晶出顺序与鲍文反应系列一致，首先晶出的是镁铁质矿物和尖晶石族矿物。由于这些早期结晶的矿物密度大于未结晶的剩余岩浆的密度，这些矿物在重力作用下逐渐下沉，最终在靠近岩体底部集中富集，随着岩浆温度的不断下降，其他矿物依次从剩余岩浆中结晶析出，故而形成不同的岩相带。金属硫化物由于比重大、结晶温度低，先是呈液态熔滴状从岩浆中分离出来，在重力作用下向下沉聚，然后在较低温度下晶出，从而形成了具有分异岩相的岩体和具有层状构造的硫化物矿层。

1.5.2 熔离说

该学说的基本观点是：岩浆中的金属硫化物和金属氧化物熔浆是在液体状态下从硅酸盐熔浆中熔离分异出来的[24]。岩浆中不同的组分在一定的高温、高压条件下是互相混熔的，但在温度、压力下降到一定的范围时金属矿物熔体和硅酸盐岩浆是不相混熔的，较重的金属硫化物熔浆就会透过较轻的硅酸盐熔浆向下沉聚，从而在岩浆房中形成液态的层状金属硫化物矿浆和硅酸盐熔浆。这些不同组分的熔体在后来的构造应力作用下，分期、分批侵入地壳浅部或喷出地表，便形成含矿性不同的层状岩体或重复分层的杂岩体。多相组分熔浆的不混熔性在自然界及实验室均已得到证实。自然界中，很多高温条件下形成的矿物，如金伯利岩、橄榄岩中的橄榄石，往往含有硫化物微滴；甚至球粒状玄武岩也都是金属硫化物熔体与硅酸盐岩浆不相混熔的例证。基性、超基性岩中镍的含量各地所见相差无几，但有的岩体成矿，有的岩体不成矿，其关键在于母岩浆是否经过充分的熔离作用；没有经过充分的熔离作用就不能使金属硫化物大量富集，也就不能成矿。

熔离说在我国是比较盛行的，早在20世纪60年代，我国的地质学者就习惯地把岩浆型铜镍硫化物矿床分为：就地熔离矿床、深部熔离贯入矿床和晚期贯入矿床。这种分类的理论基础就是熔离说。

就地熔离铜镍硫化物矿床中的金属硫化物熔浆是在母岩浆侵位之后熔离出来的，并在重力作用下在岩体下部聚集，形成富矿体，少部分则悬于岩体的一定部位形成浸染状矿体。

深部熔离贯入矿床是成矿岩体在侵位到当前位置之前，母岩浆在深部岩浆房内进行了熔离作用，在后期构造应力作用下液态的层状金属硫化物矿浆和硅酸盐熔浆分别侵位于当前的位置而形成的。这样形成的岩体其含矿性存在很大差异，有些为无矿岩体，有的为含矿岩体。

晚期贯入矿床是岩浆作用晚期通过压滤作用将硫化物熔体排挤出来，并沿岩体的原生节理或围岩的断裂构造部位侵位而形成的。

1.5.3 同化说

该学说认为岩浆熔离作用是成矿的主要因素，其与熔离说的分歧在于岩浆中的硫源问题，同化说强调幔源岩浆一般是贫硫的[25]，矿石中的硫主要来源于地壳。岩浆在上侵过程中吸收了围岩中的硫，并与岩浆中的金属元素结合，形成硫化物熔浆，然后从原始硅酸盐熔浆中分离出来，形成岩浆型铜镍硫化物矿床。因此，在岩浆生成之后的运移过程中是否有大量硫的加入是成矿的关键。这种理论能较好地解释时代较新的大洋生成的超基性岩、基性岩(蛇绿岩套)缺乏铜镍硫化物的原因。就目前所知，很多大的铜镍硫化物矿石中重硫的含量普遍偏高。Л. Н. 格里年科研究了苏联诺里尔斯克镍矿的硫同位素，认为硫主要来源于上志留统和泥盆系的含石膏岩层，也可能来源于元古界的含沥青质岩层。布什维尔德杂岩体中的硫同位素组成的 $\delta^{34}S$ 值变化范围较宽，主要为 -0.6‰ ~ +3.5‰和 +6.3‰ ~ +9.2‰，前者可能来自幔源原始岩浆；后者则可能是岩浆在侵入过程中捕虏了含硬石膏的 Malm 白云岩，同化了岩层中的硫，使矿石中的 $\delta^{34}S$ 比例增高[26]。萨德伯里铜镍硫化物矿床的情况也很相似，有部分硫可能来自周围含硫的碳质岩石[27]。

同化说除强调硫主要来源于地壳之外，还认为钙质的加入是促使金属硫化物熔浆从硅酸盐岩浆中熔离出来的重要因素。

1.5.4 堆积说

该学说是 20 世纪 70 年代发展起来的有关基性 - 超基性岩成岩成矿的理论[11, 28]，该理论认为基性 - 超基性侵入岩的冷凝成岩过程与碎屑沉积岩的成岩过程很相似[29]，早期结晶的矿物沉降下来堆积在岩体的下部，后来又被充填于空隙中的残余岩浆的冷却产物所胶结。早期结晶的矿物称为堆积矿物，后来的填隙物称为后堆积矿物。金属硫化物熔浆由于比重大，结晶晚，一般形成填隙残浆，作为后堆积矿物聚集于岩体的底部，或者被挤压出来，贯入到压力较低的岩体边缘或早期形成的裂隙之中。

1.5.5 矿浆成矿说

矿浆成矿说是一种比较古老的成矿理论[30]，但长期以来并未受到重视。直到 20 世纪 50 年代以后，由于智利拉科苏尔磁铁矿流和伊朗巴夫洛磁铁矿火山弹、磁铁矿熔岩流的先后被发现，以及多相熔浆不相混熔性的试验成果，使得该理论再度兴起[6, 9-11]。

目前，该学说较广泛地应用于岩浆型铬铁矿床、铁矿床、铜镍硫化物矿床、磷灰石矿床等的成因研究中。矿浆成矿说的理论基础是：不同组分的熔浆具有不相混熔的性质，即金属硫化物熔浆与硅酸盐熔浆在一定的物理化学条件下具有互不混熔的特征，并且由于密度的差异在深部岩浆房里可以呈液态分离。后来由于压力作用，不同成分的熔浆可以分期侵入或喷出。其中的金属硫化物熔浆侵位之后直接凝固为矿石。在这方面最具有说服力的典型矿床实例是澳大利亚卡姆巴尔达地区与科马提火山岩伴生的铜镍硫化物矿床。其中的主要富矿体产于科马提岩下部接触带的底板沟槽内，在矿层之上往往覆盖一层较薄的水下沉积物(黑色燧石层)，再往上是浸染状硫化物矿体，其底部经常聚集有铬铁矿晶体。很显然，在上覆熔岩流中的铬铁矿晶出沉降到底部之前，下伏的块状硫化物矿层已经完全固结，这有力地说明了接触带的富矿层与上覆的含浸染状矿石之间有过喷发的沉积间断，两者是分别喷出到海底的。接触带的富矿层不是整个岩流单元结晶分异后重力沉降的结果，而是由深部熔离的富金属硫化物矿浆喷出地表直接凝固而成的，它与随后喷发的含金属硫化物的硅酸盐岩浆是同源的，但两者是作为单独的熔岩流单元分别喷出的。

深部熔离的矿浆既可以分期喷出，也可以分别侵入。傅德彬在综合研究了中国的红旗岭、力马河、赤柏松等地区与侵入的基性超基性杂岩有关的镍矿床之后认为，其中的主要富矿体都是矿浆贯入生成的，即来自上地幔的原始含矿熔浆，经过深部液态层状熔离分异作用，熔离出来的富金属硫化物或纯金属硫化物矿浆，在动力驱动下沿断裂构造连续或断续贯入地壳上部，因此称之为“矿浆贯入矿床”。[30]

综上所述，关于岩浆型铜镍硫化物矿床的各种成因观点都有其一定的理论基础和实际依据。其中的结晶分异说与堆积说较为接近，能较好地解释某些低品位浸染状矿石的成因；而熔离说和同化说的理论基础较相似，基本点都是多相熔浆的不相混熔性。矿浆说则丰富和发展了熔离说，能较好地解释某些富矿、特富矿体的成因。

总的来看，铜镍硫化物矿床的成因机制一般均较复杂。产生于不同地质环境的矿床的生成机制往往不同；即使是同一个矿床，不同地段、不同类型的矿石的生成机制也可能不同。有的矿体可能是结晶分异堆积而成的，而另外的矿体则可能是由矿浆贯入形成的，或者由同化作用起主导作用而形成的。因此，可以想象，某些矿床的形成可能包括了几种不同的成矿机制，需用几种不同的理论来解释。例如一次岩浆作用，来源于深源地幔的原始岩浆，可先经历深部熔离作用，形成幔源金属硫化物熔浆（矿浆），也可能在运移过程中同化了围岩，从中吸取了大量的硫，形成了富含重硫的金属硫化物熔浆。这些经过熔离的岩浆和矿浆可能分期侵入或喷出地表，形成含矿的复式岩体，或火山岩系列。其中的含金属硫化物的岩浆在就位之后随着温度压力的降低会产生明显的结晶分异，在重力作用下沉积形成浸染状矿石；富含金属硫化物的残余岩浆可因压滤作用被挤出来并贯入到压力较低的裂隙或围岩之中。这一系列的作用在同一次岩浆作用过程中都可能产生，从而形成物质组分具有一定的相似性，但矿石结构构造、矿体的产状、形态和赋存部位各异、成矿机制复杂的矿床。所以，在讨论某一矿床的成因时，应该对不同类型的矿石作具体的分析，才能对矿床的成因作出尽可能全面的正确的解释。

第 2 章　区域地质背景

2.1　大地构造背景

新疆北部地区的大地构造性质一直是我国大地构造领域的研究热点，众多大地构造学家们相继在本区开展了研究，对本区的大地构造属性和演化等诸多问题提出了各不相同的见解。其中板块学说、多旋回学说和地洼学说等具有较大的影响。

李春昱等[31]、刘德权(1982)[32]、吴庆福(1987)[33]、李锦轶等[34]、曹荣龙等[32、33、35]、汤耀庆等[36]、周玉泉[37]、孙少华等[38]、李向东[39]、倪守斌等[40]运用板块学说探讨过本区大地构造问题。何国琦等[32、41]、刘德权等[32, 41-43]、肖序常等[44, 45]、陈衍景[46]、陈哲夫等[47-49]运用多旋回学说探讨过本区的大地构造问题。陈国达等[50-53]、尹荷中[54, 55]、李志纯[56]等用地洼学说探讨过本区大地构造问题。

在上述学者研究的大量资料中，目前主要以板块学说与多旋回学说明显地占优势，其中有相当部分学者认同将这两个学派的理论结合起来研究本区的大地构造问题，其基本认识可概括为以下三点：

(1)本区位于西伯利亚板块与哈萨克斯坦—准噶尔板块的结合部位，其北为西伯利亚板块，其南为哈萨克斯坦—准噶尔板块；各板块内仍可进一步划出次一级的板片或地体。

(2)本区内发育的 3 条(准)蛇绿岩带由北往南依次为：额尔齐斯带、阿尔曼台—洪古勒楞带和克拉麦里带。额尔齐斯带(科克森套—沙尔布拉克—老山口岩带)的放射虫时代属早泥盆世，而岩带中的奥长花岗岩的 K - Ar 法同位素年龄为 390 Ma[49]，综合判定其形成时代为早 - 中泥盆世；阿尔曼台—洪古勒楞(准)蛇绿岩带分为阿尔曼台与洪古勒楞两段，阿尔曼台(准)蛇绿岩段的 Sm - Nd 等时线年龄为(479 ± 27) Ma[57]，洪古勒楞(准)蛇绿岩段的 Sm - Nd 等时线年龄为(444 ± 27) Ma[58]，推测该蛇绿岩带的形成时代以奥陶纪为主[58, 59]；何国琦等从克拉麦里带内蛇绿岩自身的同位素定年、伴生组分的微体古生物和蛇绿岩带的区域构造等方面系统阐述了蛇绿岩带的时代，认为从新元古代晚期开始孕育，发育的鼎盛时期是寒武纪至早、中奥陶世、晚奥陶世到早志留世为其萎缩，闭合时期。

(3)关于西伯利亚板块与哈萨克斯坦—准噶尔板块在本区的具体分界部位，主要有 4 种不同的认识：其一，在 20 世纪 80 年代以前，主张将额尔齐斯断裂或额尔齐斯构造蛇绿混杂岩带作为两大板块的分界线[61, 62]；其二，主张将阿尔曼台—洪古勒楞构造蛇绿混杂岩带作为两大板块的分界线，持此观点的有何国琦[32, 41]、芮行健[63, 64]等；其三，主张将克拉麦里(准)蛇绿岩带作为两大板块的分界线，持此观点的有李春昱等[31]、李锦轶等[34]、肖序常等[44]；其四，主张将上述三条(准)蛇绿岩带作为一个整体而视作两大板块之间的巨型缝合带，持此观点的有韩宝福[65, 66]，方爱民[67]等学者。

按陈国达院士的历史 - 因果论综合大地构造学的壳体理论及其中的地洼学说，依据区域上存在的沉积建造、岩浆活动特点、变质建造、构造区内部结构、地壳类型、结晶基底、成矿作用诸方面的差异，以额尔齐斯深大断裂为界，可将研究区分成阿尔泰地洼区与准噶尔地洼区，本研究区位于中亚壳体的北东部，阿尔泰地洼区与准噶尔地洼区的过渡部位(图 2 - 1)。

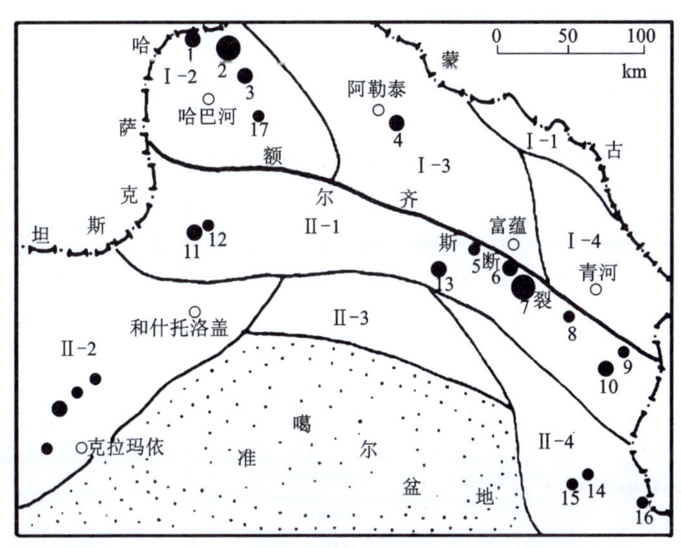

图 2 - 1　准噶尔北缘大地构造单元划分示意图

大地构造单元：Ⅰ　阿尔泰地洼区；Ⅰ - 1　诺尔特地穹系；Ⅰ - 2　哈巴河地穹系；Ⅰ - 3　阿勒泰 - 富蕴地穹系；Ⅰ - 4　青河地穹系；Ⅱ　准噶尔地洼区；Ⅱ - 1　萨吾尔 - 加波萨尔地穹系；Ⅱ - 2　西准噶尔地穹系；Ⅱ - 3　中准噶尔地洼系；Ⅱ - 4　东准噶尔地穹系；矿床：1—多拉纳萨依金矿；2—阿舍勒铜(锌)矿；3—赛都金矿；4—铁木尔特铜 - 多金属矿；5—萨尔布拉克金矿；6—乔夏哈拉铜(铁)金矿；7—喀拉通克铜镍矿；8—卡拉先格尔铜矿；9—玛热勒铁金矿；10—科克萨依金矿；11—阔尔真阔腊金矿；12—布尔克斯岱金矿；13—索尔库都克铜(钼)矿；14—库普苏金矿；15—野马泉金矿；16—乌伦布拉克铜矿

2.2 区域地层

本研究区出露有从元古界至第四系的一系列地层(表2-1)。以额尔齐斯深大断裂为界,可将本区划分为东准噶尔地层分区和阿尔泰地层分区。研究区内的地层大部分处于准噶尔褶皱系的东准噶尔地层分区,以泥盆系和石炭系地层分布最为广泛,其次为奥陶系和新生界地层。东北部属阿尔泰地层分区,出露有元古宇、寒武-奥陶系、泥盆系和石炭系、二叠系、侏罗系、古近系、新近系和第四系地层。

表2-1 研究区区域地层划分对比简表

界	系、统		东准噶尔分区	阿尔泰分区
新生界	第四系	Q	Q	Q
	新近系	N	N	N
	古近系	E	E	E
中生界	白垩系	K		
	侏罗系	J_0		石树沟群
		J_{1-2}	水西沟群	水西沟群
	三叠系	T		
上古生界	二叠系	P_2		
		P_1	赤底组	库尔提组 特斯巴汗组
	石炭系	C_3		
		C_2	巴塔玛依内山组 哈尔加乌组	
		C_1	南明水组 黑山头组 断层	喀拉额尔齐斯组 断层
	泥盆系	D_3		
		D_2	温都喀拉组 北塔山组	阿勒泰组
		D_1	托让格库都克组	康布铁堡组
下古生界	志留系	S_{2-3}		库鲁木提群
		S_1		
	奥陶系	O_3	加波萨尔组	哈巴河群
		O_{1-2}		
	寒武系	Є		
上元古界		Pt_3		富蕴群
中下元古界		Pt_{1-2}		克木齐群

2.2.1　东准噶尔地层分区

1. 古生界

1）奥陶系（O）

本区的奥陶系仅有上奥陶统加波萨尔群（O_3jb）发育，其分布在中部喀拉吉拉—哈希翁一带，呈北西西向展布，总体产状倾向北东，是本区复背斜核部最古老的地层。该群由老到新，可分为三个岩性段。

第一岩性段：主要为灰绿色、紫红色火山角砾岩、凝灰岩、安山岩夹紫褐色细砂岩、砂砾岩及灰岩透镜体。细砂岩及灰岩中产有三叶虫及腕足类化石。该段厚度为 484 m。

第二岩性段：为枕状玄武安山岩、安山岩、安山质火山角砾岩夹凝灰岩、细砂岩等。该段厚度为 2328 m。

第三岩性段：其下部为凝灰质砂岩、钙质砂岩夹灰岩透镜体，上部为杂色砾状灰岩、砂岩夹灰岩及磁铁矿透镜体。最厚为 616 m，其中砂岩和灰岩中产珊瑚、腕足类、三叶虫及苔藓虫化石。

该群岩性变化大，东段有较多的中基性火山碎屑岩和熔岩，在加波萨尔一带岩性为豹斑状同生砾石灰岩，在喀拉吉拉一带岩性则为砂岩和少量凝灰质砂岩，几乎见不到火山碎屑物。该群从总体上看，应为滨海－浅海相陆源碎屑－海底火山喷发－碳酸盐建造。其化石时代应属晚奥陶世。

2）泥盆系（D）

泥盆系是本区广泛出露的地层，主要分布在中部，呈北西—南东向展布，其在北部和南部也有零星出露。本区出露有下泥盆统托让格库都克组、中泥盆统北塔山组和温都喀拉组。

（1）下泥盆统托让格库都克组（D_1t）：该组地层分布在本区中部，西起恰乌卡尔，经加波萨尔的南、北两侧到哈希翁以东；在喀拉吉拉以西、哈希翁以东构成复背斜的核部；在加波萨尔一带则构成复背斜两翼。该组地层与下伏的上奥陶统加波萨尔群呈角度不整合接触。托让格库都克组可按三个火山喷发－沉积旋回划分出三个岩性段。

第一岩性段：底部为含砾粗砂岩、细砂岩、黄绿色、紫色凝灰岩夹泥灰岩；下部为灰绿色安山质、流纹质火山碎屑岩夹英安岩、凝灰质砂岩，含珊瑚化石，厚度 293～548 m；上部为青灰－灰白色生物碎屑灰岩、砂质灰岩、泥灰岩，局部夹泥质板岩透镜体，含珊瑚、腕足类及三叶虫和腹足类化石，厚度为 577～624 m。

第二岩性段：底部为凝灰质砂岩；下部为灰绿色安山质凝灰岩（局部为火山角砾岩）、含生物碎屑的沉凝灰岩，夹凝灰质泥板岩及碳质岩透镜体，产珊瑚和腕足类化石，厚度为 1267 m；上部为安山岩、辉石安山岩及安山质火山碎屑岩。产腕足类化石，厚度为940 m。该段自东向西、自下向上，砂砾岩、砂岩、火山碎屑岩夹层增多。

第三岩性段：下部为安山岩夹砂砾岩，产珊瑚和腕足类化石，厚度960 m；上部为泥质粉砂岩、砂砾岩、凝灰岩和含角砾凝灰岩，沿走向可相变为安山岩、凝灰质砂岩、含砾砂岩，含珊瑚和腕足类化石，厚度为787~1620 m。

该组总的岩性特征属滨海－浅海相陆源碎屑－海底火山喷发－碳酸盐建造。依据所产化石，判断其时代为早泥盆世。

(2)中泥盆统北塔山组(D_2b)：西起乌尔腾萨依，向东经依铁克、那森喀腊、阿克塔斯至老山口以东，呈弧形条带状展布；同时在索尔库都克和扎拉特一带也有部分出露。北塔山组与下伏托让格库都克组呈角度不整合或断层接触；与上覆温都喀拉组呈整合接触。该组自下而上可分为三个岩性段。

第一岩性段：为玄武质安山岩、安山质含角砾凝灰岩夹辉石安山岩、板岩、泥灰岩、含铜金磁铁矿层和凝灰质砾岩，产有植物化石，厚度为728 m。

第二岩性段：主要为安山质、英安质、流纹质凝灰岩(局部含角砾)，夹紫色、灰色硅质岩；可相变为安山岩、英安岩夹砂砾岩。底部见有大理岩，产珊瑚、腕足类化石，厚度为1080 m。

第三岩性段：主要为辉石安山岩、安山岩(局部夹英安岩)、安山质火山角砾岩、凝灰岩、凝灰质砂(砾)岩夹放射虫骨骼硅质岩、灰岩。本段向西北火山岩增多，向东南则碎屑岩增多。凝灰质砂岩中产腕足类、苔藓虫和植物化石，厚度为700 m。

该组总的岩性特征属海陆交互相中基性、中性火山岩－火山碎屑岩－碳酸盐建造。根据所含化石判断，其时代属中泥盆世早期。

(3)中泥盆统温都喀拉组(D_2w)：主要分布于本区中部，呈北西—南东向展布，西起托让格库都克，经切热克塔斯、加乌尔至阿拉托别以东；南部扎河坝—哈希翁一带和北部的耶森喀拉也有出露。该组与下伏北塔山组呈整合接触，与托让格库都克组和上覆石炭系地层均呈断层接触。其自下而上可分为三个岩性段。

第一岩性段：为泥质粉砂岩、中细粒砂岩、硅质岩、泥板岩、凝灰质砂岩、安山岩、安山质凝灰岩(或角砾岩)夹灰岩透镜体。该段地层沿北西走向火山物质增多，产植物化石，厚度为2400 m。

第二岩性段：为安山岩、安山质火山碎屑岩、凝灰质砂岩、紫红色砂板岩、黄绿色泥板岩，局部夹大理岩和沉积磁铁矿透镜体以及煤线。该段化石丰富，有珊瑚、腕足类、三叶虫、螺和植物等，厚度为1250 m。

第三岩性段：主要为中酸性晶屑岩屑凝灰岩、凝灰质砂岩、砂岩夹玄武岩，顶部多见粉砂岩和钙质、泥质板岩，产腕足类、珊瑚、三叶虫及植物化石。厚度大于590 m。

该组总的岩性属海陆交互相火山岩－火山碎屑岩建造。根据其化石组合特征，其时代应为中泥盆世。

3）石炭系（C）

石炭系是本区出露面积仅次于泥盆系的主要地层。根据岩性和古生物特征，该系地层可分为下石炭统黑山头组和南明水组、中石炭统哈尔加乌组和巴塔玛依内山组。

（1）下石炭统黑山头组（C_1h）：分布于本区北部的默色克奥依—萨尔布拉克一带，与下伏地层呈断层接触。该组可分为上、下两个岩性段。

下段：以灰紫色安山岩、安山质晶屑岩屑凝灰岩（局部含角砾）为主；在萨尔布拉克一带为中性熔岩及其碎屑岩，间夹薄层硅化大理岩，含芦木和棘皮动物化石，厚度为 3228 m。

上段：下部为灰绿色块状安山质火山角砾岩、安山质岩屑凝灰岩、凝灰质角砾岩、杏仁状安山岩等；底部含少量板岩及生物灰岩透镜体，含植物和三叶虫化石；上部为灰绿、灰黑色砂岩、角砾岩、凝灰岩及安山岩互层，萨尔布拉克以南为中酸性凝灰岩、凝灰质砾岩和凝灰质砂岩。该段含植物化石，总厚度为 2328 m。

该组总的岩性为海相、海陆交互相的中性火山岩及其碎屑岩。其形成时代为早石炭世早期，大致相当于国际地质时代的杜内世。

（2）下石炭统南明水组（C_1n）：分布于乌尔腾萨依—萨尔布拉克—喀拉通克和托让格库都克—切热克塔斯西南一带，呈北西—南东向的带状展布，与下伏的黑山头组和温都喀拉组呈不整合接触，自下而上可划分为三个岩性段。

第一岩性段：底部为砾岩、粗砂岩，向上变为砂岩、凝灰质粉砂岩、泥板岩和灰岩，产有腕足类化石；顶部为砂质泥板岩、泥板岩和硅质岩，夹钠长斑岩。在萨尔布拉克有约 103 m 厚的鲕状灰岩，产有珊瑚、腕足类化石。该段总厚度为 200～1503 m。

第二岩性段：下部为灰绿色粗砂岩与紫色页岩、细砂岩、泥板岩互层，夹泥晶灰岩透镜体；中上部为细砂岩、沉凝灰岩和含碳凝灰质泥板岩，夹块状沉火山角砾岩、安山岩、碱性玄武岩、玄武岩、玄武粗安岩；顶部有薄层硅质岩。萨尔布拉克一带的碳质粉砂岩和层凝灰岩中含植物化石；厚度为 300～704 m。

第三岩性段：下部以粗砂岩、凝灰质粗砂岩为主，夹粉砂岩、粉砂质泥板岩、凝灰质泥板岩、玻屑凝灰岩、硅质岩、霏细岩、钠长斑岩、石英班岩、英安斑岩等，含不纯灰岩透镜体；西部酸性火山岩及其碎屑岩较东部多，厚度 306～455 m；上部主要为岩屑晶屑沉凝灰岩、凝灰质泥板岩（含火山泥球）、黄绿色细砂岩、粉砂岩（局部含碳质，硅化）、泥板岩，夹粗砂岩；含腹足类化石；厚度为 100～450 m。

该组总的岩性为滨海－浅海相、海陆交互相的火山熔岩、火山碎屑岩及陆源碎屑岩，部分为深海沉积；化石丰富，其时代相当于早石炭世中期。

(3)中石炭统哈尔加乌组(C_2h)：在希勒库都克和切热克塔斯两地有小片分布，超覆于南明水组和温都喀拉组之上。其展布方向与区域构造线方向不一致，出露面积约20 km^2；其下部为砾岩夹含砾粗砂岩，中部为灰色、灰褐色凝灰质砾岩与凝灰质角砾岩互层；上部为黄色、灰色厚层块状英安岩及酸性角砾凝灰熔岩。岩相沿走向常被块状酸性凝灰岩及凝灰质角砾岩所代替。下部砂岩中产有植物化石，与区域地层对比相当于中石炭统下部，与巴塔玛依内山组属同一时代，即中石炭世早期或早石炭世晚期。

该组总的岩性属陆相碎屑岩-酸性火山岩建造。

(4)巴塔玛依内山组(C_{2b})：分布于乌伦古河北岸，与下伏南明水组呈不整合接触。下部为灰绿-灰紫色凝灰岩、凝灰质角砾岩夹安山岩、辉石安山岩和英安岩及少量粉砂岩和碳质页岩等；下部砂岩中含植物化石和袍子花粉；上部为灰绿-暗紫色角闪安山岩、辉石安山岩、玄武安山岩、杏仁状安山岩夹凝灰岩和凝灰质砾岩。该组总厚度为4541 m，其沿走向有明显的相变：东部火山碎屑岩较多，熔岩中以酸性熔岩居多；西部则以间歇性喷发的中基性熔岩为主。据其产状和气孔构造判断，至少可以确定六期以中性火山岩为主体的喷发岩。在萨热巴斯陶西侧见到的同一期喷发的玄武岩至少是三次以上喷发的产物。

该组属海陆交互相陆源碎屑-中酸性与中基性双峰式火山岩建造，形成时代属中石炭世早期或早石炭世晚期。

4)二叠系(P)

二叠系仅在扎河坝有小面积分布，不整合覆盖于巴塔玛依内山组之上。本区仅发育下二叠统赤底组(P_1c)，为凝灰质角砾岩、凝灰质砂岩、铁质砂岩和砂砾岩夹硅质岩，底部见英安岩、流纹岩。厚度为148 m。

5)侏罗系(J)

分布于喀拉通克、扎河坝等山间断陷盆地内，为一套含煤建造，间夹大量陆相火山岩；主要为砾岩、含煤层，夹砂岩、泥岩、火山岩等，属陆相火山岩-含煤碎屑岩建造。

2. 新生界

1)古近系红砾山组(E_{1-2})和乌伦古河组(E_{2-3})：为一套砖红色黏土质砂岩或砂质黏土岩、杂色砾岩、钙质砂岩、石英砂岩等，局部含锰结核。厚度为130 m。

2)新近系上新统昌吉河组(N_2)：不整合超覆于古近系(E)之上，为一套紫红、橘红、灰白等杂色砂质黏土岩夹石英砂岩和砂砾岩，局部含锰结核。厚度为60 m。

3)第四系(Q)

第四系主要沿额尔齐斯河及乌伦古河流域发育，时代齐全，下更新世—全新世均有；成因类型繁多，有冲积、洪积、风积、湖积、沼泽沉积和化学沉积等，多为松散的砂砾石层、砂土、黏土层和盐碱土层；底部见半胶结的砂岩、砾岩；总厚度为 350 m。

2.2.2 阿尔泰山地层分区

1. 元古宇

对阿尔泰分区的元古宇地层的划分一直存在一定的争议，主要是对其存在与否以及如何划分存在不同的认识：一种是新疆地层表编写组[68]的观点认为该区主要分布的地层是古生界地层，其中的中深成变质岩是海西期叠加改造的结果，主张本区不存在元古宇地层；另一种是何国琦[41, 60]、王京彬[69]等观点，认为本区所存在的那套中深成变质岩分布较广、延伸较稳定，同时还有同位素年龄和植物化石等佐证，以上述资料作为依据，将其划为元古宇地层。这套变质岩被划为元古宇后，王京彬等的观点，将其细分为下 - 中元古界克木齐群和上元古界富蕴群[69]。

1）下 - 中元古界克木齐群（$Pt_{1-2}km$）

该群地层仅分布在哈隆—青河和冲乎尔—哈拉苏—乌恰沟一带，由一套深变质岩组成，主要有片麻岩、混合岩，夹斜长角闪片岩与大理岩等；未见底，与上覆的上元古界富蕴群呈整合接触。

2）上元古界富蕴群（Pt_3fn）

该群分布范围与克木齐群大致相同。在富蕴—锡泊渡一带的乌尔腾萨依地段，该群下部为硅质粉砂岩，绿泥石绢云母化含细砂粉砂质泥岩、糜棱岩化岩屑长石砂岩、绿帘石次闪石化片岩；中部为石英片岩、角闪石英片岩、二云母片岩；上部为黑云母斜长片麻岩、混合岩化斜长角闪岩夹绢云母片岩，视厚度为 2900 ~ 3700 m。在青河县城南科克玉依地段该群为砂岩、粉砂岩，下部夹大理岩透镜体和角闪片岩，中上部夹砾岩透镜体，视厚度为 1900 m。在哈隆西部，该群由矽线石黑云母石英片岩、矽线石黑云母堇青石石英片岩、红柱石二云母片岩、十字石黑云母石英片岩、二云母片岩、片麻岩等组成。其与下伏克木齐群呈整合接触，视厚度为 4500 m。

2. 古生界

1）寒武 - 奥陶系哈巴河群（Є - O）

该群出露于本区东北边部，呈北西—南东向展布，为一套浅变质岩，主要由变质粉砂岩、砂岩、页岩和千枚岩组成；可细分为上、中、下三个亚群，累计视厚度大于 7500 m。

2）志留系（S）

本区内志留系的库鲁木提群(Skl)分布于阿尔泰主峰至焦耳特河一带，主要由千枚岩、片岩、变质砂岩夹钙质砂岩组成，与下伏上元古界富蕴群为断层接触，视厚度为 900 ~ 2000 m。

3)泥盆系(D)

阿尔泰分区的泥盆系地层分布广泛，发育齐全；但在本区范围内主要分布在北部和东部边缘地带，包括下泥盆统康布铁堡组和中泥盆统阿勒泰组。

(1)下泥盆统康布铁堡组(D_1k)：分布于冲乎尔、阿尔泰、麦兹，阿拉图拜一带，呈北西—南东方向断续延长达 400 km，为一套酸性火山岩及火山碎屑岩，夹正常碎屑岩及少量碳酸盐岩，岩石均受到强烈的变质作用，又可分为上、下两个亚组。其下亚组组成冲乎尔、克兰、麦兹复向斜的两翼，主要为一套中酸性火山岩、火山碎屑岩及少量正常碎屑岩与碳酸盐岩；康布铁堡组上亚组分布范围与下亚组基本一致，在冲乎尔东部因布拉克一带主要为石英钠长斑岩、钠长斑岩及凝灰岩夹大理岩、矽卡岩化透镜体；在麦兹东部可可塔勒一带主要为酸性熔岩、火山集块(角砾)凝灰岩、晶屑凝灰岩、凝灰质砂岩、铁锰质大理岩、层矽卡岩、黑云母片岩等；向东越过长拉先格尔大断裂延至阿拉图拜一带，变为糜棱岩化变酸性火山熔岩、条带状变流纹质碎裂岩等。该组地层富含海百合茎、腕足类和珊瑚等化石，总厚度为 2200 ~ 3800 m。

该组岩性属于浅海相火山岩 - 火山碎屑岩 - 碳酸盐建造。因该组地层以平行不整合下伏于中泥盆统阿勒泰组地层之下，且侵入于该组的岩浆岩体同位素年龄值为317.6Ma，所以其时代应归属于早泥盆世。

(2)中泥盆统阿勒泰组(D_2a)：分布于冲乎尔、阿尔泰、麦兹、苏布特一带，组成克兰复向斜的核部、麦兹复向斜核部和苏布特背斜翼部。加曼哈巴—冲乎尔一带属于未分的阿勒泰组，为变泥质粉砂岩、钙质砂岩夹大理岩化灰岩、黑云母石英片岩、十字石蓝晶石黑云母石英片岩、黑云母斜长片麻岩；其与下伏的康布铁堡组呈整合接触，视厚度为 1000 ~ 1800 m。阿勒泰—阿巴宫一带，该组地层分上、下两亚组：下亚组为黑云母石英微晶片岩夹砂质灰岩、二云母石英片岩、石榴石黑云母斜长片麻岩、含电气石二云母石英片岩夹大理岩、灰岩透镜体及生物碎屑灰岩，视厚度为 2100 m；上亚组为变石英细砂岩、千枚岩、黑云母石英片岩、变钙质砂岩夹砂质灰岩、黑云母石英微晶含生物片岩、变砂岩，视厚度为 2800 m。麦兹—可可塔勒一带，该组下部为石榴石透闪石片岩、十字石黑云母石英片岩、红柱石片岩夹变砂岩、钙质砂岩；中部为大理岩化灰岩；上部为钙质砂岩夹砂质灰岩。库尔提—苏布特一带，该组下亚组为浅粒岩、角闪片岩、角闪斜长片麻岩、绢云母化霏细岩、绿泥石阳起石片岩、硅质板岩夹凝灰质砂岩、粉砂岩，与下伏康布铁堡组呈平行不整合接触，视厚度为 2600 m；其上亚组为绢云母石英片岩、绿帘石阳起石片岩、绢云母化粉砂岩夹安山玢岩透镜体、凝灰岩夹条带状含铁石英岩透镜体；与上覆下石炭统喀拉额尔齐斯组地层呈断层接触，视厚度为1600 m。

该组岩性属于海相碳酸盐－火山岩及其碎屑岩－陆源碎屑岩建造。

4）石炭系（C）

本区内石炭系仅有下石炭统喀拉额尔齐斯组（C_1k）分布于额尔齐斯河两岸。在富蕴向南东至喀拉通克乡一带，与中泥盆统地层呈断层接触。小块二叠系地层不整合覆盖其上。C_1k为一套变质岩系，并有不同程度的混合岩化现象。原岩属以海相为主的海陆交互相的碎屑岩－火山岩建造。其底部为片理化细－粉砂岩、变质凝灰岩，少量中基性火山岩、石英岩，夹绿泥绢云石英片岩，厚度约700 m；下部为灰色石榴石黑云母石英片岩、混合岩化云英片岩，夹条痕状或条带状混合岩及黑云母角闪石片岩，厚约1050 m；中上部为变质砂岩、角闪石黑云母石英片岩及斜长角闪片岩，厚约460 m；上部为二云斜长片麻岩、角闪石斜长片麻岩、角闪石斜长片岩、变砂岩、板岩、千枚岩夹大理岩，厚约800 m。在科布哈特一带有厚934 m的变质砂岩、粉砂岩和凝灰岩，其中含芦木茎干及孢粉化石。

5）二叠系（P）

（1）下二叠统特斯巴汗组（P_1t）：该组仅在库尔提河下游有小块残留露头，约1.5 km^2。其岩性为碳质泥质粉砂岩、细砂岩，夹叠锥状灰岩团块及砾岩，属内陆盆地碎屑岩建造。砂岩中产植物化石和芦木类印痕。厚度约200 m。

（2）上二叠统库尔提组（P_2k）：该组分布于库尔提河下游特斯巴汗两岸及下游西部10 km处。其岩性为凝灰岩、安山质凝灰角砾岩、巨砾岩。含大量植物化石。该组属内陆盆地火山碎屑岩建造。

3. 中生界

侏罗系（J）：

（1）中－下侏罗统水西沟群（$J_{1-2}sh$）：零星分布在富蕴县东南的哈拉通沟断陷盆地边缘，呈角度不整合覆盖于喀拉额尔齐斯组及华力西中期黑云母花岗岩之上。该组为一套内陆盆地相含煤碎屑岩建造。常见的岩性有砾岩、含砾粗砂岩、砂岩、粉砂岩及页岩，夹4层煤，产植物化石。厚度约220 m。

（2）上侏罗统石树沟群（J_3sh）：该群只在哈拉通沟盆地边缘有少量分布，为杂色、灰绿色砾岩。与下伏水西沟群呈平行不整合接触，上部被古近系不整合覆盖。厚度约100 m。

4. 新生界（包括古近系、新近系和第四系）

本区的古近系红砾山组（E_{1-2}）、新近系昌吉河组（N_2）和第四系（Q），主要呈小片状分布，仅在哈拉通沟断陷盆地中面积较大，其岩性与南部的准噶尔区相同。

2.3 区域控矿构造

2.3.1 区域构造总体特征

本区断裂与褶皱均十分发育，已确定的知名褶皱有十余处，由南至北主要有冲乎尔向斜、克兰向斜(又称阿尔泰向斜)、哈隆背斜、达汗第尔背斜、麦兹向斜、喀依尔特背斜、喀拉额尔齐斯向斜、苏布特背斜、布勒克背斜、萨尔布拉克向斜、索尔库都克背斜、乌伦古背斜等。本区主要褶皱的分布见图2-2。区内最著名的断裂为额尔齐斯深大断裂，其次为洪古勒楞-阿尔曼台深大断裂。这些重要大断裂按走向可分为两组：北西—北北西向断裂和近南北向断裂。它们共同控制了本区绝大多数金属矿床的形成与展布。这些大型褶皱与断裂构造主要形成于褶皱造山期，与这些构造的形成和地壳的加厚相伴随的是大规模深熔作用的发生及重熔岩浆的产生与侵入。本区以额尔齐斯深大断裂为界，分为阿尔泰与准噶尔两大构造系统。此两大构造系统之间存在如下三方面较明显的差异。

(1)在褶皱构造方面，阿尔泰构造分区的褶皱绝大部分为紧闭线形褶皱，轴线主要呈290°~310°方向展布，褶皱形态大多为两翼陡倾、轴面近于直立，岩层多已发生强烈的劈理化与面理置换作用，皱褶构造由一系列以泥盆纪为主的复背斜与复向斜组成；而准噶尔构造分区的褶皱构造总体上不如阿尔泰构造分区的发育，其褶皱形态也相对简单一些，岩层因褶皱引起的变形也不如阿尔泰构造分区的明显。

(2)在断裂构造方面，阿尔泰构造分区的大型断裂以NW向为主，局部为近EW向，主要大型断裂与阿尔泰褶皱山系的主构造线方向一致，断裂的分布与排列总体上呈现一定的规律性，岩层因断裂活动引起的变形不太明显；在准噶尔构造分区，其主干断裂系统的总体走向为NW向、NNW向，其主干断裂引起的岩层变形表现为广泛的片理化所组成的强变形带，构成了一种线形片理化带之间夹杂一些弱变形地体的较独特的构造格局(图2-2)。

(3)在构造变形特征方面，阿尔泰分区的构造总体上表现为一些大的滑脱构造与系统推覆构造；准噶尔分区总体上以大断裂之间的相互挤压、拉伸变形为主，缺少像阿尔泰构造分区那样的大型滑脱与推覆构造。另外在构造环境上，刘伟(1993)通过区内一些岩浆岩的Rb-Sr(Sm-Nd)等时线年龄的研究后认为：阿尔泰构造分区总体上属于挤压、碰撞的造山带环境，而准噶尔构造分区总体上属于拉张、松弛的裂谷带环境。总之，研究区内阿尔泰与准噶尔这两大构造系统的差异是显著的，这将在很大程度上影响两大构造分区的矿床形成与分布。

本区内这一系列广泛分布的断裂，不仅奠定了本区基本构造格架，而且也制

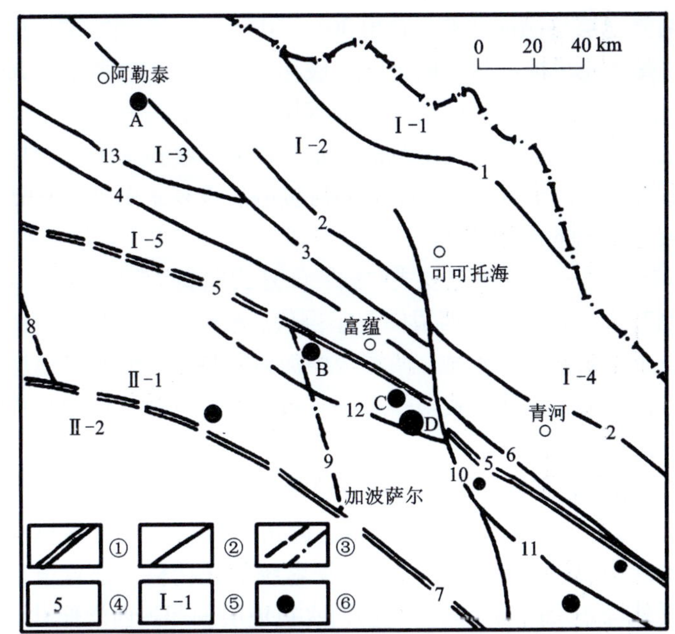

图 2-2 准噶尔北缘主要断裂构造控矿略图

①深大断裂；②大断裂；③推测或隐伏断裂；④断裂编号；⑤成矿带编号；⑥矿床及其编号

断裂：1—红山嘴断裂；2—巴寨断裂；3—阿巴宫—库尔提断裂；4—克兹加尔断裂；5—额尔齐斯断裂；6—阿拉图拜断裂；7—洪古勒楞-阿尔曼台断裂；8—福海断裂；9—哈拉安断裂；10—卡拉先格尔断裂；11—布尔根断裂；12—喀拉通克断裂；13—黑流滩断裂；14—苏木达依里克断裂

矿床：A—铁木尔特中型铜-多金属矿；B—萨尔布拉克中大型金矿；C—乔夏哈拉铜（铁）金矿；D—喀拉通克大型铜镍矿床。构造分区：Ⅰ-1 至Ⅰ-5，Ⅱ-1 至Ⅱ-2 的注释见图 2-1。

约着本区不同金属矿产的空间分布和大致就位范围，构成了区内铜、镍、金等金属矿产矿化分带的基础（图 2-2）。喀拉通克铜镍硫化物矿床位于Ⅱ-1 区；区内发育的褶皱、断裂构造也主要为北西向，此外还发育近南北向的断裂构造。

2.3.2 褶皱构造

准噶尔构造分区从北至南发育有相间排列的 3 个北西向复式向斜和 2 个北西向复式背斜，依次为：

（1）锡伯渡—富蕴复式向斜：该复式向斜地处额尔齐斯挤压带中，为不对称的线性褶皱，由上石炭统喀拉额尔齐斯组地层组成，轴向 300°，北翼宽缓，倾角 55°~70°，南翼较陡，倾角 70°~75°。其南北两侧被额尔齐斯大断裂和特斯巴汗大断裂夹持。

(2)依铁克—阿克塔斯复式背斜：该复式背斜为向南西倒伏的紧密线状褶皱，轴向310°，两翼地层均倾向北东，倾角30°~70°不等。背斜核部由中泥盆统北塔山组构成；北翼西北段被额尔齐斯大断裂破坏，北翼中东段由中泥盆统温都喀拉组地层构成，南翼被断层破坏而缺失温都喀拉组地层；是一个遭受破坏的很不完整的背斜构造，其背斜核部与其南侧的萨尔布拉克—喀拉通克复式向斜呈断层接触，北侧与锡伯渡—富蕴复式向斜也呈断层接触。该复式向斜对乔夏哈拉铜(铁)金矿床的形成有一定的控制作用。

(3)萨尔布拉克—喀拉通克复式向斜：该复式向斜为轴向300°~310°的枢纽起伏的紧密倒转线形褶皱。其西段向北东倒伏，东段向南西倒伏，中段则为对称褶皱。核部由下石炭统地层组成，两翼为中泥盆统地层，但两翼地层被断裂强烈切割，呈支离破碎状态。该复式向斜对萨尔布拉克金矿和喀拉通克铜镍硫化物矿床的形成有一定的控制作用。

(4)加波萨尔复式背斜：该复式背斜轴向为295°，呈稍向南西倾斜的不对称褶皱，北翼陡，倾角60°~70°，南翼较缓，倾角30°~40°。背斜核部由上奥陶统加波萨尔群地层构成，两翼分别由下、中泥盆统的托让格库都克组和温都喀拉组构成。其南翼外缘还出露有下石炭统南明水组地层。背斜西端倾伏，显示出该复式背斜为一开阔的短轴型褶皱。

(5)扎河坝—恰库尔特复式向斜：该复式向斜分布于乌伦古河北岸，为一轴面向北东倒伏的倒转线型褶皱，轴向为300°；其两翼地层均向南西倾斜，倾角50°~70°，背斜核部由中石炭统巴塔玛依内山组的火山熔岩组成，南翼被乌伦古河大断裂切割破坏；北翼依次由下石炭统南明水组和中泥盆统温都喀拉组地层组成。

值得一提的是本区的这些褶皱，虽然呈北西向展布，但其枢纽往往具有一定的起伏，显示出尚有一组北北西—南南东方向的叠加褶皱存在，该组褶皱强度虽不大，但对本区的成矿有一定的影响。

2.3.3 主要断裂

北准噶尔构造区发育的断裂按走向可分为两组：北西—北北西向断裂和近南北向断裂。它们共同控制了本区绝大多数金属矿床的形成与分布。

1. 北西—北北西向断裂

从北至南发育的北西—北北西向断裂依次为：

(1)额尔齐斯深大断裂：该深大断裂在研究区的整个构造体系的形成乃至北疆的成岩成矿过程中均占有举足轻重的地位，为阿尔泰与准噶尔两大构造系统的分界线，对这两大构造体系中的沉积建造、岩浆活动、变质作用和矿产分布起到了控制作用。该断裂分为三段，东段为玛因鄂博断裂，中段为富蕴—锡泊渡断裂，西段为科克森套主断裂。这些主干断裂延伸均大于 200 km，倾向北西，具冲断裂性质，具有宽几百米至数千米的强变形带，和夹持于它们之间的推覆体一起构成了阿尔泰区及其南缘的基本构造格局。其中额尔齐斯推覆体位于最南面，额尔齐斯推覆体北界为克兹加尔—玛尔卡库里断裂，南界即为额尔齐斯主断裂，该推覆体内部发育一套强烈变形的火山－沉积岩系，其变形组构具典型的深层次韧性变形特征，构成了传统上所称的额尔齐斯挤压带。该断裂在重磁场图中为一明显的线性异常带，走向北西，总体倾向北东，倾角 60°～70°。

沿额尔齐斯深大断裂及其两侧的次级断裂，广泛发育由中基性－超基性岩体组成的规模巨大的构造－岩浆岩带，它控制了本区铜、镍、金矿床的分布。

（2）萨尔布拉克—阿克塔斯断裂带：该断裂带西起乌尔腾萨依，经萨尔布拉克、喀拉通克延至阿克塔斯，出露长 70km，宽 2～4km，由 2 条主要断裂夹数条次级断裂构成，其北侧断裂向北倾，南侧断裂向南倾，呈对冲状。其北侧断裂是泥盆系和石炭系地层的分界线，其两侧地层倾向相反，使中泥盆统北塔山组火山岩逆冲于下石炭统南明水组砂砾岩之上，两者呈断层接触。南侧断裂表现为近直立的挤压劈理－片理带，两侧地层逐渐变缓，倾向相反，使南明水组第三岩性段的砂砾岩逆冲于第二岩性段的含碳砂质板岩之上；该断裂带在喀拉通克一带发育于泥盆系和石炭系地层之间，在西部发育于下石炭统之中。南北两侧断裂之间发育的次级断层皆向北倾。该断裂带对成矿十分有利，是本区最主要的控矿构造之一，喀拉通克铜镍硫化物矿床、萨尔布拉克金矿、乔夏哈拉铜（铁）金矿床等均处于该断裂带之中。

（3）希力库都克—科克别克提断裂破碎带：该断裂带西起希力库都克，经开日阿舍至科克别克提，穿过卡拉先格尔大断裂向东延伸，长达 120 km，宽 1～3 km。该断裂带发育于中下泥盆统火山岩中，向东与扎拉特－科克别克提东西向断裂重合，向西变为一系列北西西向小断裂；整个断裂带中断续分布有中基性－中酸性侵入岩体，构成规模较大的构造－岩浆岩带，在带内发现有金、铜矿化，具有一定的找矿远景。地球物理信息表明该断裂带是一条北西西向连续延伸的线性磁异常带和梯度较缓的重力梯度带。

（4）乌伦古河大断裂：该断裂大致沿乌伦古河展布，走向北西，倾向南西，倾角 35°～75°不等，长达 100 km，宽数十米至数百米。在扎河坝一带该断裂为中石炭统和中泥盆统的分界线，使中泥盆统温都喀拉组火山岩逆冲于中石炭统砂页岩夹煤系地层之上。断裂上盘破碎强烈，从内到外可分出泥砾带、片理带和构造扁豆体带；断裂下盘煤系地层发育有牵引褶皱，煤层经揉皱而加厚。沿断裂有超基性岩分布，表明它也是一条构造－岩浆岩带，沿断裂带在扎河坝等地已发现有呈带状分布的金、铜异常，表明该断裂带具有较大的找铜、金前景。它在重、磁异常图上表现为重力梯度带和正负剧变的线性磁异常带。

2. 近南北向断裂带

自东向西发育的近南北向断裂依次为：

(1)卡拉先格尔大断裂带：北起卡依尔特河，南至二台南，走向 340°～350°，局部地段呈南北向，倾向北东东，倾角 65°～70°。沿断裂发育有断谷、断崖等新的活动迹象，断裂具顺时针水平扭动特点，断裂扭动将古生代地层错开 10～20 km。在断裂带内发育有破碎带、片理和挤压扁豆体，表现为压扭性特征。沿断裂带有华力西中期花岗岩侵位；断裂两侧的泥盆系地层的变质程度东深西浅，表明该断裂至少在华力西中期即已存在，并在其后有多次活动。断裂两侧磁场特征截然不同，东边为大片微有起伏的负磁异常，西边则是条带状正磁异常。

(2)喀拉通克—沙尔托海断裂带：该断裂带北起喀拉通克铜镍矿区，向南经加波萨尔、哈希翁到沙尔托海，由四个北北西向断裂束呈反“多”字形雁行排列而成。雁列轴线近南北向，断续延伸达 50 km 以上；每个北北西向断裂束均由数条北北西向压扭性小断裂组成，单个断层长 2～10 km 不等，均向东倾，倾角约 80°，多具顺扭性特征。在航空照片上线性影像很清晰，线性构造切割错断沿线的地层和岩浆岩体。在重、磁异常图上，哈希翁—沙尔托海一带为长 25 km 的近南北向磁异常带，在喀拉通克附近为南北向延伸的重力异常带，表明该断裂带虽在地表不甚显著，却有深部构造背景。

(3)萨尔布拉克—扎河坝断裂带：从北到南依次由北北西向的萨尔布拉克、开日阿舍和扎河坝断裂束组成；在卫星照片上，该断裂两侧色调存在明显差异，是一条纵贯本区的南北向隐伏基底断裂，它在开日阿舍附近为长 40 km、宽 20 km 的近南北向重、磁异常梯度带。

(4)默色克奥依—索尔库都克断裂带：由默色克奥依和索尔库都克两条北北西向断裂构成。在航空照片上，存在大量北北西向线性构造，在地表呈雁行排列的北北西断裂往往伴随有近南北向的重、磁场梯度带；这些断裂构造虽在地表不甚显著，却有其深部构造背景，是近南北向深断裂的反映。它与卡拉先格尔大断裂带等南北向断裂带，均属于北疆地区广泛分布的南北向基底断裂体系的组成部分。这些南北向断裂构造为深切地壳的脆性断裂构造，对本区矿产的形成和分布，具有明显的控制作用。

2.4 岩浆岩

2.4.1 侵入岩

本区侵入岩类发育(特别是北部)，岩性以花岗岩类为主。根据岩体形成的时代、类型和产出特征，可将本区的主要侵入岩体分为 3 个岩带，由北而南依次为哈隆—青河岩带、阿尔泰—富蕴岩带、加波萨尔—布尔根岩带(图2-3)。

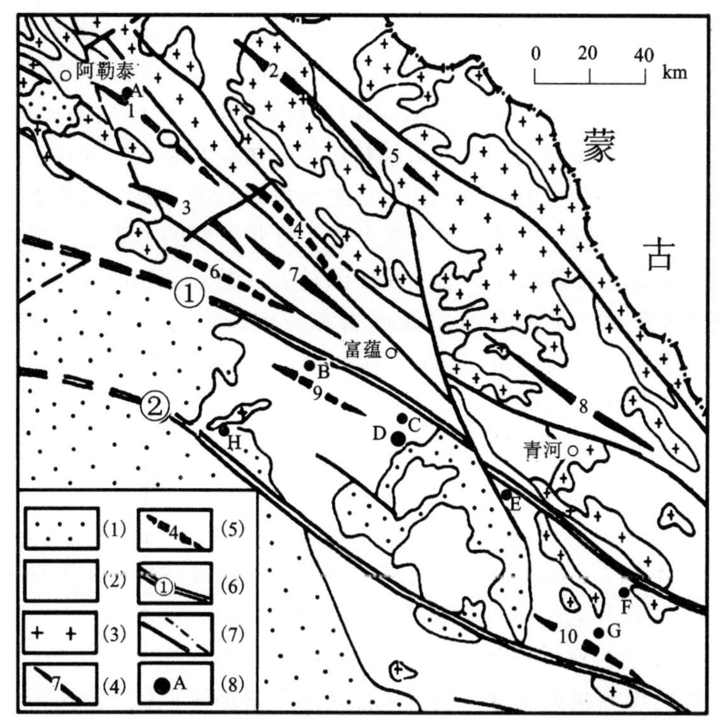

图2-3 准噶尔北缘铜镍金成矿区域地质略图

(1)新生界;(2)元古界、古生界;(3)花岗岩;(4)背斜;(5)向斜;(6)深大断裂;(7)大断裂及隐伏断裂;(8)矿床

矿床:A铁木尔特铜-多金属矿;B萨尔布拉克金矿;C乔夏哈拉铜(铁)金矿;D喀拉通克铜镍矿

深大断裂:①额尔齐斯断裂;②洪古勒楞-阿尔曼台断裂

主要褶皱:1—克兰向斜;2—哈隆背斜;3—达汗第尔背斜;4—麦兹向斜;5—卡依尔特背斜;6—喀拉额尔齐斯向斜;7—苏布特背斜;8—布勒克背斜;9—沙尔布拉克向斜;10—乌伦古向斜

1)哈隆—青河岩带

该带的范围大致与阿尔泰哈隆—青河加里东隆起带相当。带中广泛发育加里东中期和海西期侵入岩体;该带产有著名的阿尔泰花岗岩和稀有金属-白云母伟晶岩。

加里东中期的侵入岩主要有:①基性杂岩体:分布于阿尔泰加里东造山带与海西造山带之间的断裂带周围;岩性主要为辉长岩、角闪辉长辉绿岩、辉长苏长岩、含古铜辉石角闪岩、斜长角闪岩、闪长玢岩、闪长岩、绿泥石角闪岩等,岩体主要呈岩脉、岩株、岩墙等产出,这些基性岩体可能为多期侵入,以奥陶纪为主。

②酸性岩类：有 S 型和 I 型两类花岗岩，S 型花岗岩主要分布于哈隆－克克托海一带，以混合花岗岩、片麻状黑云母花岗岩、黑云母斜长花岗岩等为主，多呈巨大的岩基和大岩株产出。I 型花岗岩主要分布于苏木达依里克与青河一带，主要有斜长花岗岩、花岗闪长岩、石英闪长岩等，呈岩基、岩株与小岩钟产出。

海西期岩浆岩分早、中、晚三期，均以酸性岩为主、中性岩次之，从浅成相至深成相均有，但以 S 型花岗岩占绝对优势：①海西早期的 S 型花岗岩在本岩带内分布较为普遍，以片麻状黑云母花岗岩、黑云母花岗岩、黑云母斜长花岗岩、中粗粒似斑状黑云母花岗岩为主，呈岩基产出；海西早期的 I 型花岗岩主要分布于黑流滩一带，为黑云母斜长花岗岩、花岗闪长岩、黑云母花岗岩，呈岩基和岩株产出；②海西中期的岩浆岩以 S 型花岗岩和花岗斑岩为主，主要由黑云母花岗岩、似斑状黑云母花岗岩等组成，呈岩株产出；③海西晚期的岩浆岩也以 S 型花岗岩为主，在本带内广为分布，主要由二云母花岗岩、细粒花岗岩、白云母花岗岩、含绿柱石天河石花岗岩等组成，呈岩基、岩株、小岩钟、岩脉等产出。

2)阿尔泰—富蕴岩带

该岩带分布于额尔齐斯断裂带以北的阿尔泰山前广大范围内，与阿尔泰陆缘火山岩带的范围相当，由北往南分为克兰 S 型花岗岩亚带、额尔齐斯 I 型与 I－S 过渡型花岗岩亚带和老山口—科克萨依超基性岩亚带。

克兰 S 型花岗岩亚带：南东段由海西早期的片麻状黑云母花岗岩、黑云母斜长花岗岩、中粒似斑状黑云母花岗岩、混合花岗岩组成；北西段由海西晚期的二云母花岗岩、白云母花岗岩、斑状黑云母花岗岩组成。它们多呈岩基或岩株产出。

额尔齐斯 I 型与 I－S 过渡型花岗岩亚带：海西晚期的 I 型花岗岩分布于富蕴一带，岩性为片麻状角闪石花岗岩，呈长条状小岩株产出；海西晚期 I－S 过渡型花岗岩类分布于锡泊渡和布尔津一带，岩性主要为似斑状黑云母花岗岩，多呈岩基与岩株产出。

老山口—科克萨依超基性岩亚带：岩性以辉石岩为主，多呈岩脉产出，个别基性岩脉中可见铜矿化。

3)加波萨尔—布尔根岩带

分布于额尔齐斯断裂南侧，呈北西—南东向延伸，该岩带由海西中期的喀拉通克基性杂岩亚带和海西晚期的加波萨尔—布尔根花岗岩亚带组成。

海西中期的喀拉通克基性杂岩亚带：沿额尔齐斯大断裂带南侧分布于该岩带的北部，西起锡泊渡，经乌尔腾萨依、萨尔布拉克、喀拉通克，东至老山口，岩性以基性岩为主，含部分中性岩、超基性岩，多呈岩株、岩脉和岩盆状产出，普遍具有铜、镍、钴矿化，喀拉通克大型铜镍矿床即产于该岩带的中段。

海西晚期的加波萨尔—布尔根花岗岩亚带：主要分布于该岩带中南部，出现较多的钾长花岗岩和正长岩等富钾的岩体，其 I 型花岗岩总体上基性程度较高、磁性较强。在加波萨尔地段以 I－S 过渡型花岗岩类为主，主要有黑云母角闪花岗岩、黑云母花岗岩、似斑状花岗岩，呈不规则长条状和小岩株产出；布尔根地段以钾长花岗岩、花岗闪长岩、闪长玢岩等为主，多沿 NNW 向卡拉先格尔断裂和 NW 向布尔根断裂分布，呈岩株产出。该亚带中的花岗闪长岩和闪长玢岩及其接触带发育一些金、铜矿化，如索尔库都克铜(钼)矿床、卡拉先格尔铜矿均产于该岩带中。

2.4.2　火山岩与火山活动

本区的火山活动十分强烈，从元古宙开始逐步加强，到泥盆纪和早石炭世达到高峰，至晚石炭世之后逐渐减弱，基本上终止于侏罗纪。

加里东期以前，火山岩主要出现于阿尔泰元古宇克木齐群(Pt_3km)和富蕴群(Pt_3fy)的混合岩、片麻岩、结晶片岩中，经原岩恢复后，发现其中的部分角闪岩与角闪片岩的原岩为基性火山岩，部分片麻岩的原岩为酸性－中酸性火山岩，即原岩属于以中酸性火山岩为主的玄武－安山－流纹岩组合。总的来看，本区加里东期以前的火山活动相对较弱。

加里东期火山岩主要出现于中－上奥陶世与中－上志留世，但火山岩规模与火山活动强度均不如海西期的泥盆纪。在阿尔泰哈巴河群上部、东准噶尔加波萨尔组(O_3jb)和库布苏组($S_{2-3}k$)地层中均有中酸性火山岩及碎屑岩分布。火山活动以溢流为主，多形成安山岩、石英斑岩及凝灰岩，总的岩性属于中酸性火山－碎屑岩建造。

海西期是本区火山活动的鼎盛时期，火山活动强烈且频度大，持续时间长，火山岩广泛发育，自早泥盆世至早二叠世均有火山活动的痕迹。火山活动最激烈的时期为早－中泥盆世，其次为早石炭世。早－中泥盆世火山岩在北部的诺尔特、中部的阿尔泰南缘与北准噶尔等地均有大量分布，分别构成本区北、中、南三个主要火山岩带及其相应的亚带。

1)阿尔泰南缘火山岩带

早－中泥盆世火山岩分别出现于康布铁堡组(D_1k)、阿勒泰组(D_1a)、托克萨雷组(D_2t)、北塔山组(D_2b)与蕴都喀拉组(D_2y)等地层中。康布铁堡组(D_1k)与阿勒泰组(D_1a)地层中的火山岩分布于北西向的麦兹、克兰斜列式火山盆地中，组成了麦兹－克兰火山岩亚带；北塔山组(D_2b)与蕴都喀拉组(D_2y)中的火山岩分布于萨尔布拉克、乔夏哈拉、老山口一带，沿额尔齐斯深大断裂南侧呈北西—南东向狭长带状展布，组成了乔夏哈拉－老山口火山岩亚带。

(1)麦兹—克兰火山岩亚带：早泥盆世火山岩岩性以流纹－英安质为主，陆源碎屑岩、碳酸盐岩较发育，但各盆地的火山岩组合尚有一定差异。在麦兹盆地由一套早期的细碧岩－石英角斑岩组合，演化为中晚期的中酸性安山质与流纹质火山岩和火山碎屑岩夹少量基性火山岩组合；在克兰盆地则由一套早期的石英角斑岩和流纹质晶屑凝灰岩夹碎屑沉积岩组合，演化为晚期的流纹岩夹较多碎屑岩组合；该亚带中的火山岩为本区铁—多金属矿的主要控矿岩系，一些地区的阿尔泰组地层中存在以酸性和基性为主的近似于双峰式的火山喷溢产物。

(2)乔夏哈拉—老山口亚带：中泥盆世火山岩总体上是一套以中基性火山岩为主夹火山碎屑岩和陆缘碎屑岩建造，其岩相在纵向和横向上均有较大变化。岩性由含橄玄武岩、杏仁状辉石安山岩、枕状玄武岩、火山集块岩、安山质凝灰岩、含放射虫硅质岩夹酸性火山岩及正常碎屑岩组成。属于一套玄武－安山－英安岩组合，为本区含铜、金磁铁矿矿床的控矿岩系。

2)北准噶尔火山岩带

早－中泥盆世火山岩分别见于托让格库都克组(D_1t)、北塔山组(D_2b)、蕴都喀拉组(D_2y)地层中，火山活动以基性火山喷发为主、间有中酸性火山喷发，岩性以火山碎屑岩为主，夹中基性凝灰岩、少量英安斑岩、霏细岩，为一套玄武岩－安山岩－流纹岩组合。这套早－中泥盆世火山岩为本区金矿的主要控矿岩系。

中泥盆世火山岩主要分布于阿尔泰山北坡，以中酸性熔岩为主；而北准噶尔中泥盆世火山岩成分具有双峰式组分特征。

石炭纪火山活动的规模和强度在本区仅次于早－中泥盆世的火山活动，为本区火山活动的又一旺盛时期，在北部的诺尔特、中部阿尔泰南缘的额尔齐斯及北准噶尔一带均有相应的火山岩分布。

北部诺尔特一带的早石炭世火山岩是继晚泥盆世库马苏群的少量酸性火山岩喷发之后，火山活动进一步加强的产物，溢出－喷发作用形成了以石英斑岩和石英钠长斑岩及其凝灰岩为主的一套中酸性－中性火山岩；中晚期火山活动开始减弱，形成一套以安山岩－流纹岩为主的火山岩。这套中酸性的火山碎屑岩建造是诺尔特盆地金矿化的主要含矿建造。

额尔齐斯一带的早石炭世火山岩主要出现于喀拉额尔齐斯组地层(C_1k)中，该组地层主体为海陆交互相碎屑岩建造，间有火山活动，伴随有中酸性熔岩溢出，形成变质流纹斑岩、霏细岩、凝灰岩夹凝灰质硅质岩。

北准噶尔一带的早石炭世火山岩分别见于黑山头组(C_1h)、南明水组(C_1n)、巴塔玛依内山组(C_2b)等地层中，它们主要分布于萨尔布拉克—老山口、扎河坝—阿尔曼台等处，呈狭长带状展布。黑山头组(早石炭世早期)下部为一套安山玢岩、辉石安山玢岩、玄武玢岩、英安斑岩夹中酸性火山碎屑岩；上部为流纹－安山质凝灰岩、安山质凝灰岩夹安山玢岩、凝灰质砾岩、凝灰质砂岩，总体上属于安山岩－流纹岩组合；南明水组(早石炭世中期)下部为正常碎屑岩夹中性火山碎屑岩，中部中基性火山物质增多，上部为中性火山碎屑岩、正常碎屑岩夹中性火山岩，总体上属安山岩组合；巴塔玛依内山组(早石炭世晚期)，地质环境已由早中期的海陆交互相转为陆相，岩性主要由中性火山岩及其凝灰岩、集块岩夹中基性与中酸性火山岩组成，总体上为玄武岩-安山岩-英安岩组合。

中石炭世火山活动强度在本区已明显减弱，仅在本区南部的北准噶尔地区有部分显示，岩性以中性和酸性火山岩为主，由英安斑岩、安山玢岩、流纹斑岩、安山质凝灰角砾岩、凝灰岩夹凝灰质砂岩等组成，总体上属于安山岩-流纹岩组合。

早二叠世火山活动已转为陆相喷发，仅限于局部地段。在额尔齐斯一带，火山活动见于库尔提组地层(P_1k)中，火山岩由安山玢岩、苦橄玢岩、安山质凝灰角砾岩等组成；在萨尔布拉克以南的哈拉安一带，早二叠世火山岩见于哈尔交组地层(P_1h)中，主要由中酸性凝灰岩及含砾凝灰岩、英安斑岩、酸性角砾熔岩及凝灰岩等组成。

至侏罗纪本区火山活动基本终结，仅在阿尔泰南缘的哈拉乔拉山间断陷盆地内侏罗系地层中有苦橄玄武玢岩出现，表明本区中生代尚有微弱的陆相火山活动存在；古近纪在东准噶尔一带也有少量陆相火山活动，主要火山岩为玄武玢岩等。

2.5　区域变质作用

本区区域动力热变质作用强烈，变质岩极为发育，分布范围明显受构造带和原岩建造及时代的控制。以额尔齐斯断裂为界，其北部为阿尔泰变质分区、变质程度普遍较高，南部为东准噶尔变质分区、变质程度相对偏低。

根据变质成因及变质岩性状、并结合研究区的实际地质特征，可将准噶尔北缘存在的变质作用类型划分为区域动力变质、区域动力热变质和深埋藏变质等三种[63, 71-72]，每个构造单元多以某一种变质作用为主。其变质相可分为葡萄石-绿纤石相、绿片岩相、绿帘石-角闪岩相、低压角闪岩相与中压角闪岩相，各变质岩带中的变质相的发育有一定差异(见图2-4)。

2.5.1　哈隆—青河变质岩带

该变质岩带隶属于阿尔泰变质区，以阿巴宫及阿拉图拜断裂为界与南侧的阿勒泰-富蕴变质岩带相邻，呈NW—SE向展布，以哈隆—青河复背斜为中心，海西期的区域动力热变质作用叠加在加里东期区域动力变质作用之上。受变质的地层主要有克木齐群(Pt_3km)及富蕴群(Pt_3fy)和少量的库鲁木提群(Skl)与康布铁堡组(D_1k)，原岩以泥质和砂泥质碎屑岩为主、夹少量中酸性火山岩及凝灰岩。据何国琦[41, 60]研究后认为：该变质岩带以广泛发育区域动力热变质作用产生的递增变质带为特征，表明当时的哈隆—青河复背斜存在一个热轴，这个热轴就是花岗岩带或混合岩带。在哈隆至库卫一带，根据离该热轴的远近大致可分为如下几个变质岩带：

(1)绿泥石－绢云母带：主要由千枚岩、板岩、浅变质砂岩、绢云母绿泥石片岩等组成，矿物组合为绿泥石－绢云母－石英。

(2)黑云母带：主要由黑云母石英片岩、二云母石英片岩、绿泥石黑云母片岩、黑云母片岩及黑云母变粒岩等组成，矿物组合为黑云母－绿泥石－绢云母－白云母－石英－斜长石。

(3)铁铝榴石带：主要由铁铝榴石云母石英片岩、变粒岩及少量含石榴石二云母片麻岩等组成，矿物组合为铁铝榴石－黑云母－白云母－斜长石－石英。

(4)十字石带：由含十字石二云母片岩－片麻岩、红柱石片岩、含堇青石黑云母片岩等组成，矿物组合为十字石－红柱石－黑云母－白云母－石英－钾长石。

(5)蓝晶石－夕线石带：由蓝晶石黑云母斜长片麻岩、蓝晶石夕线石二云母片岩和白云母片岩等组成，矿物组合为蓝晶石－夕线石－铁铝榴石－白云母－黑云母－斜长石－钾长石。

在青河一带，常以复背斜轴为中心，向两侧形成递增变质带，复背斜中心为夕线石混合岩带，向外依次为十字石带、红柱石带、绢云母绿泥石带。两侧的递增变质带以蓝晶石－夕线石－十字石－钾长石等矿物组合为特征，变质程度为角闪岩相。

2.5.2 阿勒泰—富蕴变质岩带

该带隶属于阿尔泰变质区，为其最南面的一个三级构造单元，与东准噶尔变质区的二台变质岩带相邻，分布于额尔齐斯断裂以北、阿巴宫断裂以南的广大地区，呈北西变宽东南收敛的扫帚状，与哈隆—青河变质岩带平行延伸，先后经历了元古宙、加里东期区域动力变质作用和海西期区域动力热变质作用的影响。受变质的地层有克木齐群(Pt_3km)、富蕴群(Pt_3fy)、康布铁堡组(D_1k)、阿勒泰组(D_2a)和喀拉额尔齐斯组(C_1k)等地层，原岩为浅海陆源碎屑岩、火山岩与凝灰岩。在该带内，按其离热轴的远近大体可分为以下三个带：

(1)绢云母－绿泥石带：分布于阿勒泰一带，主要由阿勒泰组的变砂岩、板岩、千枚岩、绢云母绿泥石片岩及石英片岩等组成，为低压低温绿片岩相。

(2)十字石－蓝晶石带：十字石－蓝晶石为该带的主要矿物组合，该带主要由克木齐群、富蕴群、康布铁堡组、阿勒泰组变质岩构成，其主要岩石组合有含夕线石十字石的红柱石二云母片岩、含铁铝榴石夕线石的黑云母斜长片麻岩、透辉斜长角闪片岩、十字石石榴石夕线石黑云母斜长片麻岩、混合岩与变质的中酸性火山岩。变质相为中－低压角闪岩相。

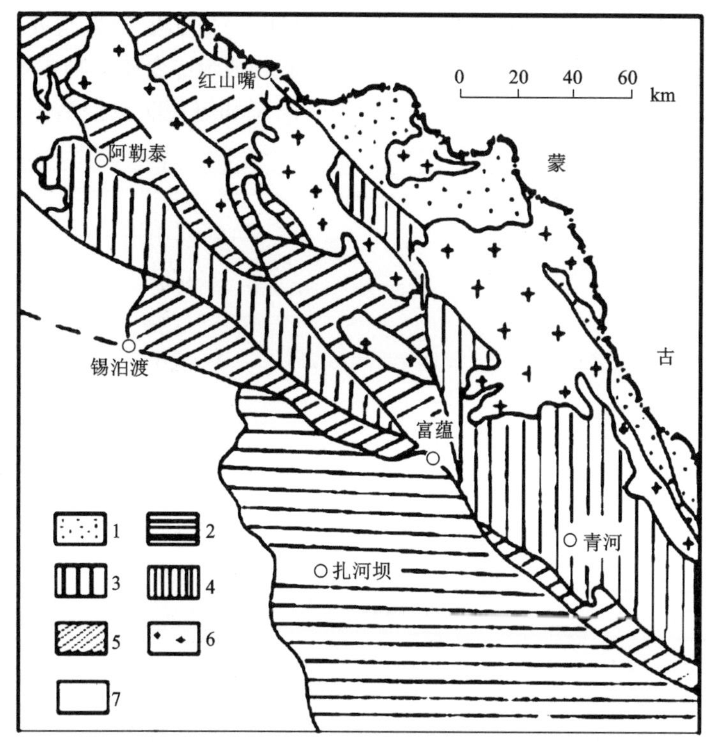

图2-4 本区准噶尔北缘主要变质岩之变质相略图

1—绿片岩相(板岩-千枚岩相);2—葡萄石-绿纤石相;3—绿帘石-角闪岩相;4—低压角闪岩相;5—中压角闪岩相;6—花岗岩类;7—新生代盖层

(3)递增变质带:在阿勒泰复向斜内,变质程度从核部向两翼递增;在额尔齐斯一带,其变质程度由南往北递增;泥盆系变质岩变质程度由西向东递增。在蓝晶石-夕线石变质带中局部可见红柱石、堇青石等退化变质作用所形成的产物,或缺少蓝晶石带。其特征变质矿物组合显示该带变质相属于中压角闪岩相。

2.5.3 东准噶尔变质分区

该区变质作用程度相对较低,仅在局部达到葡萄石-绿纤石相,是深埋变质作用的结果。本区主要分布有扎河坝—二台变质岩带,其与北部的阿勒泰—富蕴变质岩带相邻,呈北西—南东向展布。受变质的地层包括上奥陶统加波萨尔群(O_3jb),泥盆系托让格库都组(D_1t)、北塔山组(D_2b)、温都喀拉组(D_2w),中、下石炭统黑山头组(C_1h)、南明水组(C_1n)、哈尔加乌组(C_2h)、巴塔玛依内山组(C_2b)与二叠系(P)等地层,其原岩主要为中基性火山岩-碎屑岩-碳酸盐岩建造。变质岩组合主要为变质(葡萄石)凝灰砾岩与安山质火山角砾岩、变质(绿纤石)辉绿岩与安山质岩屑晶屑凝灰岩、变质(绿纤石)辉石安山岩与安山玢岩等浅变质岩石，它们均保持了原岩的结构、构造和矿物成分，变质矿物主要有葡萄石、阳起石、绿泥石及绿帘石等，这些变质矿物的出现和爆裂法测温数据显示其变质温度为150~270℃。

第 3 章　矿区地质特征

喀拉通克铜镍矿床位于中亚壳体北东部的阿尔泰地洼区与准噶尔地洼区的过渡部位。其北有额尔齐斯北西向深大断裂，南有乌沦古北西向深大断裂，东邻卡依尔特—二台近南北向大断裂。该矿床受萨尔布拉克—喀拉通克复式向斜的次级背斜构造和北西向断裂构造控制。

3.1　地层

本矿区出露地层主要为中泥盆统蕴都喀拉组(D_2y)、下石炭统南明水组(C_1n)。古近系古新—始新统红砾山组($E_{1-2}h$)以及第四系全新统(Q_4)。其中，南明水组是本区基性岩体的围岩。本区主要含矿岩体就侵位于南明水组中上段(图 3-1)。

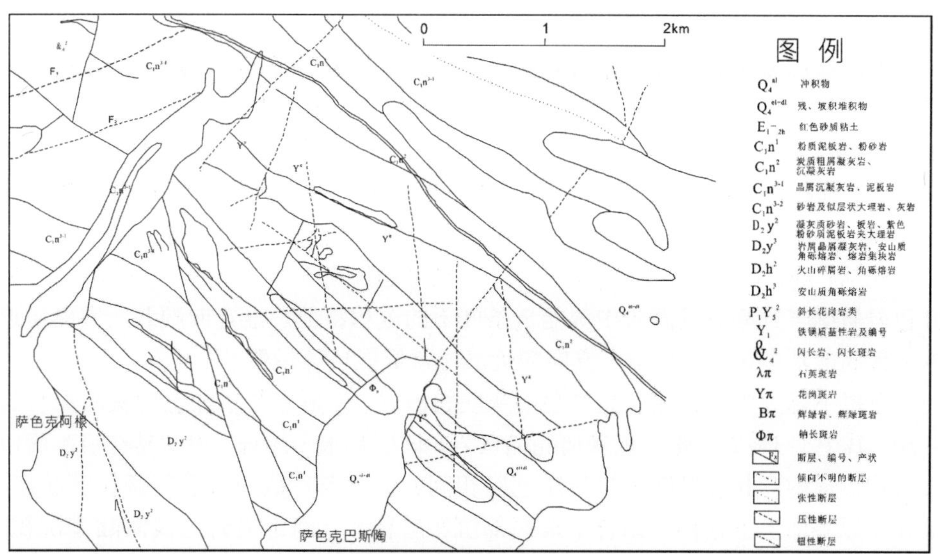

图 3-1　新疆喀拉通克铜镍硫化物矿床矿区地质图

3.1.1 中泥盆统蕴都喀拉组(D_2y)

本区内该组地层只见中上段，出露于本区西南侧。

中段(D_2y_2)的下部为安山岩、辉石安山岩；上部为安山质角砾熔岩。厚度大于300 m。

上段(D_2y_3)为硅质、钙质泥板岩夹少量火山角砾岩，底部有薄层状由碳酸盐胶结的砾岩，厚度为50～100 m。

据区域资料，本组中段属海陆交互相的火山岩、火山碎屑岩建造。其上段硅质、钙质泥板岩呈灰色、灰绿色，具水平层理，含腕足类、三叶虫类化石，且化石丰富，个体发育良好，保存完整。说明上段属正常浅海陆棚沉积环境；由中段到上段构成了海进沉积序列。由区域对比可知，该组之上缺失了上泥盆统，被下石炭统南明水组呈角度不整合覆盖。

3.1.2 下石炭统南明水组(C_1n)

该组为本区出露的最主要地层，占整个出露地层总面积的70%以上，厚度大于1000 m。根据其岩石学特征，将本组分为三段。

1)下段(C_1n^1)

分布于本区西南部，与蕴都喀拉组上段呈角度不整合接触，厚度为150～200 m。

下段底部为厚层状紫红色岩屑砾岩；其底部界面参差不齐，厚度为1～5 m。沿走向层位基本稳定，但厚度变化较大，北西方向较厚，为3～5 m，南东方向较薄，为1～2 m。砾石以中－细粒的安山岩砾石为主，少量英安岩、泥板岩、硅质岩砾石；砾石自下而上有由粗变细的趋势，在走向上自北西向南东也有由粗变细的现象；砾石含量为65%～80%，呈次圆状，中等分选，颗粒支撑，碳酸盐呈孔隙式胶结；砾石的ab面基本平行于层面，局部地段有1°～3°交角。由此可知：紫红色岩屑砾岩具有近滨海带中等能量条件下的沉积特征。沿走向顺北西方向向近滨海带高能环境过渡；沿南东方向向近滨海带低能环境过渡。

下段下部为中－薄层状紫红色凝灰质粉砂岩、泥板岩与灰绿色凝灰质泥板岩互层，其中夹1～2层紫红色棘屑亮晶灰岩；该层具水平层理，说明是在浪基面以下沉积形成的；由紫红色层与灰绿色层相间，反映当时地壳处于频繁振荡状态，氧化还原界面上下迁移。结合下段底部沉积特征，可确定当时为浅海陆棚沉积。其中所夹的1～2层紫红色棘屑亮晶灰岩，含海百合茎和海胆屑及少量凝灰质，由碳酸盐胶结，以假亮晶为主，偶见残余亮晶，棘屑中等分选，海百合茎断面直径为1～3 mm，少数在5 mm以上，说明其具有近滨海带沉积特征。

下段中部为中－薄层状杂色凝灰质粉砂岩、泥板岩夹赭色凝灰质泥板岩及灰绿色凝灰质泥板岩；这些岩层的岩性、结构及构造与下段下部较为相似，但颜色有差别；杂色凝灰质粉砂岩、泥板岩代表氧化还原界面附近沉积形成的产物，赭色凝灰质泥板岩含多量微粒赤铁矿，表示是在氧化条件下沉积形成的产物。故其沉积环境仍属浅海陆棚环境。与下段下部相比，当时海水深度略有降低。

下段上部为薄层状灰绿色泥板岩、黄绿色粉砂质泥板岩夹中－薄层状深灰色、灰色硅质岩。岩层具水平层理，与下段中部的浅海陆棚沉积比较，海水深度相对加深，处于氧化还原界面以下的深水沉积环境。

总之，南明水组下段，自下而上，由近滨海沉积转向浅海陆棚至深海沉积，海水逐步加深，构成一个逐渐过渡的海进沉积序列；表明当时的地壳处于振荡性的下降阶段。

2）中段（C_1n^2）及上段（C_1n^3）

南明水组中段和上段，是本区基性岩体的直接围岩，按其岩石组合、岩石类型、沉积构造及古生物组合等特征，属于以火山碎屑为主的浊积扇沉积。

中段（C_1n^2）分布于本区中部偏西南，厚度大于300 m，岩性与厚度变化大。主要由下列层序组成：具块状粒序层理的灰色、黄灰色沉火山（角）砾岩、含砾中粗屑沉凝灰岩、中粗屑沉凝灰岩、中细屑沉凝灰岩（相当于鲍马层序中的A层），具平行层理的中细屑沉凝灰岩（相当于鲍马层序中的B层），具沙纹层理的细粉屑沉凝灰岩（相当于鲍马层序中的C层），具水平层理的粉屑沉凝灰岩（相当于鲍马层序中的D层），具水平或块状层理的灰黑色含炭凝灰质泥板岩（相当于鲍马层序中的E层）。其中夹多层安山岩。下部主要为DE、CE组合，中部主要为ABE、ACE、CDE、DE组合，上部主要为ADE、AE组合，构成推进式沉积序列。顶部夹不稳定的薄层凝灰质硅质岩。

上段（C_1n^3）分为两个亚段。

上段之下亚段（C_1n^{3-1}）：分布于本矿区中部及北部，厚度大于450 m，岩性与厚度变化较大。主要由下列层序组成：具块状粒序层理的灰色、黄灰色中粗屑沉凝灰岩和中细屑沉凝灰岩（相当于鲍马层序的A层），具沙纹层理的细粉屑沉凝灰岩（相当于鲍马层序的C层），具水平层理的粉屑沉凝灰岩（相当于鲍马层序的D层），具水平或块状层理的灰黑色含炭凝灰质泥板岩（相当于鲍马层序的E层），夹具块状粒序层理的含砾中粗屑沉凝灰岩、沉火山角砾岩（相当于鲍马层序的A层），具平行层理的细屑沉凝灰岩（相当于鲍马层序的B层）以及少量泥晶灰岩透镜体等。其中还夹有碱性玄武岩、玄武粗安岩及安山岩等。本亚段之下部由ABE、ACE、ADE组合向上转变为CDE、DE组合；其上部基本上重复了下部组合的形式，构成了两个单元的后退式沉积序列；其顶部则为层位稳定的中－薄层状凝灰质硅质岩。A层中偶见完整的石燕化石和海百合茎化石；DE层中则偶见植物碎屑，个别层中有放射虫、小型头足类（浮游型）化石及圆孔藻。

上段之上亚段(C_1n^{3-2})：分布于本区中偏北部，厚度 70～100 m。上亚段之下部由下列层序组成：具块状粒序层理的灰绿色含砾中粗屑沉凝灰岩、中粗屑沉凝灰岩、中细屑沉凝灰岩(相当于鲍马层序的 A 层)，具沙纹层理的细粉屑沉凝灰岩(相当于鲍马层序的 C 层)，和具水平层理或块状层理的凝灰质泥板岩(相当于鲍马层序的 E 层)；凝灰质泥板岩中含有火山泥球。该亚层以 AE 组合为主，ACE 组合次之，与下伏层位上部构成推进式沉积序列。

上段之上亚段上部，主要由灰白色凝灰质粉砂岩、泥板岩组成。层位稳定，具水平层理，含火山泥球及腹足类和双壳类化石，这些化石数量少、个体小、壳薄。

南明水组中、上段，除上段之上亚段上部外，岩石类型十分相似。主要为不同粒级的沉凝灰岩、凝灰质泥板岩及凝灰质硅质岩。只不过中段(C_1n^2)与上段之下亚段(C_1n^{3-1})的沉凝灰岩为安山质，凝灰质泥板岩中含碳质；而上段之上亚段(C_1n^{3-2})的沉凝灰岩为英安质，凝灰质泥板岩不含碳质。

南明水组中段、上段几乎出现了鲍马层序中的全部层理构造：呈块状构造的沉火山角砾岩、含砾中粗屑沉凝灰岩、中粗屑沉凝灰岩和中细屑沉凝灰岩；少数具平行层理构造的中粗屑沉凝灰岩及部分中细屑沉凝灰岩；具沙纹层理构造的细粉屑沉凝灰岩；具水平层理构造的粉屑沉凝灰岩；具水平层理或呈块状构造的凝灰质泥板岩。

具块状构造的岩石中明显发育正粒序，具平行层理构造的中细屑沉凝灰岩层间亦可见到正粒序；即使是具沙纹层理构造的粉屑沉凝灰岩，也可在镜下发现正粒序。在含砾中粗屑沉凝灰岩、沉火山角砾岩的底层面上，常发育底冲刷面、冲刷充填构造、火焰状构造、重荷模、槽模等构造。在细粉屑沉凝灰岩中发育有成岩早期形成的滑动包卷层理、泄水包卷层理、不规则变形层理等。含炭凝灰质泥板岩中发育有成岩早期形成的沙枕、沙球等构造。

此外，南明水组中段、下段夹有多层呈层状和似层状产出的火山岩，厚度数十厘米至数厘米不等，根据新疆地矿局四大队 1∶50000 万报告中的 11 个样品的化学分析结果表明：中段火山岩主要为安山岩，上段主要为碱性玄武岩，少量玄武岩和粗玄岩。

从区域范围来看，北部那森喀拉南发育的南明水组下段(C_1n^1)，其底部存在近滨带沉积的紫红色岩屑砾岩和三层大理岩化的紫色棘屑灰岩，而这些近滨海带砾石滩沉积，往往指示高能沉积环境；这些岩屑砾岩与中泥盆统蕴都喀拉组上段呈角度不整合接触。与此相对应，本矿区南部岩屑砾岩与中泥盆统蕴都喀拉组上段也呈角度不整合接触，说明早石炭世南明水时期，本区为一海槽环境。从板块构造理论推断，本区北部可能存在残余岩浆弧，南部也可能存在岩浆弧，本区当时的沉积环境正处于弧间盆地。又据那森喀拉南的南明水组下段(C_1n^1)地层中棘屑灰岩的氧同位素分析结果，$\delta^{18}O_{PDB}$ 为 $-15.028‰$，而本区南部相应层位中棘屑亮晶灰岩的分析结果，$\delta^{18}O_{PDB}$为 -14.733‰。表明本区南北相应层位氧同位素组成基本一致，沉积环境相似，都受到了淡水的影响；与前述近滨相沉积建造的认识相一致，南明水组中上段是承继了原沉积构造环境，而形成以火山碎屑为主的浊积扇沉积，具有冒地槽性质；南明水组中、上段中发育的火山岩具似层状产出特征，岩石性质属亚碱性-碱性玄武岩系列，可能表明该区当时处于一个远离火山岛弧或属弧后拉张环境。

3.1.3　古近系古新—始新统红砾山组($E_{1-2}h$)

红砾山组($E_{1-2}h$)：分布于本区西北、东南沟谷中，呈北东向产出。由胶结不强的红色砂质黏土及砂、砾组成；属断陷沟谷沉积产物。厚度为 5 ~ 30 m。

3.1.4　第四系全新统(Q_4)

全新统(Q_4)的沉积物根据成因分为两种：一种是残积坡积层[Q_4(el + dl)]，零星分布于荒漠、低山丘陵、残丘之上，由灰白色-黄褐色含砂粉质黏土、砂土和碎石土组成，厚度为 0.5 ~ 1.5 m；另一种为现代冲积层(Q_4al)，主要分布于本区西北、东南的汇水冲沟中，由土黄色-灰色砂土及砾石土组成，厚度 1 ~ 2 m。

3.2　矿区构造

本矿区位于萨尔布拉克—萨色克巴斯陶复式向斜东段。该复式向斜轴向为北西，由一系列北西和北北西向褶皱组成。除褶皱外，区内断裂构造也十分发育，可分为北西、北北西、北东和近东西向四组断裂构造，以北西和北北西向断裂为主(图 3-1)。

3.2.1　褶皱构造

北西向褶皱发育于复式向斜两翼，由南到北发育有三个向斜和两个背斜，均为两翼对称、轴面直立、枢纽略微倾伏的宽缓倾伏褶皱。北北西向褶皱也为宽缓褶皱，由西到东发育有两个背斜和两个向斜，呈斜列式展布，它们常常斜跨在北西向褶皱之上，两者叠加使矿区地层呈穹隆状圈闭。

1. 北西向褶皱

矿区在萨尔布拉克—萨色克巴斯陶复式向斜内，由南到北发育有两个北西向的次一级背斜和三个次一级向斜。

(1)南部向斜：位于矿区的南部，轴向 300° ~ 310°，沿其延伸方向略有弯曲，区内延伸长约 2500 m，宽为 300 ~ 400 m。核部由南明水组上段之上亚段(C_1n^{3-2})组成。两翼地层优势产状分别为 30°∠45°和 222°∠40°，轴面近于直立，枢纽略向北西倾伏。两翼夹角大，约100°，较为开阔。核部被F_3断层破坏，有花岗斑岩沿断层延伸方向呈串珠状出露。

(2)南岩带背斜：该背斜为本区主要的控岩构造；其总体走向为315°，沿走向延伸2500～3000 m，由南明水组上段之下亚段地层(C_1n^{3-1})构成，两翼地层优势产状分别为210°∠40°和54°∠40°，轴面近直立，两翼夹角约为102°，枢纽基本水平，为转折端基本为圆弧形的褶皱。该背斜可分为东、西两段，其西段两翼地层优势产状分别为30°∠37°和220°∠36°，枢纽总体走向307°，但沿走向略具"S"形弯曲，两翼夹角约为110°；其东段两翼地层优势产状分别为38°∠50°和224°∠52°，沿走向也呈"S"形弯曲，轴面近直立，枢纽基本水平。

该背斜两翼发育一系列更次级褶皱，轴向因受北北西向次级褶皱影响而发生偏转。在其两翼(尤其是北东翼)和轴部因断层发育而形成挤压破碎和断裂带，褶皱完整性被破坏。沿背斜近轴部有Y_1、Y_2和Y_3岩体侵位。其中，Y_1岩体在西段，长轴与背斜轴线约成15°交角；Y_2岩体在背斜中段北翼；Y_3岩体则在其东段轴部，这些岩体组成本矿区南岩带。

(3)中部向斜：该向斜即为区域上萨尔布拉克－萨色克巴斯陶复式向斜核部，规模大，在区内延长3500 m，核部地层为南明水组上段之上亚段地层(C_1n^{3-2})。沿走向略具"S"形弯曲，总体走向为308°，其轴面产状为308°∠89°，两翼夹角约为110°，枢纽微有起伏。中部向斜向西分叉成两个向斜。

(4)北岩带背斜：该背斜是本区主要的控岩构造，由南明水组上段之下亚段地层(C_1n^{3-1})组成，总体走向为315°～320°，沿走向略呈"S"形弯曲，往东方向枢纽向南偏转。两翼地层优势产状分别为213°∠40°和60°∠48°，轴面产状为48°∠89°，直立状。该褶曲西段两翼地层优势产状分别为211°∠33°和75°∠30°，轴面产状为325°∠88°，两翼夹角约为120°；其东段两翼地层优势产状分别为210°∠39°和50°∠40°，轴面近直立，走向为313°，两翼夹角约为105°。沿北岩带背斜轴部发育F_{11}断层，并有Y_6、Y_7、Y_8和Y_9岩体侵位。

(5)北部向斜：该向斜在矿区内长2000余米，核部由南明水组上段之上亚段地层(C_1n^{3-2})组成，枢纽总体走向为320°，但沿走向略具"S"形弯曲，两翼地层优势产状分别为219°∠40°和55°∠38°；褶曲轴面产状为58°∠89°，属两翼对称的直立褶皱。其北东翼和近轴部处断层构造十分发育，致使轴部被错成若干段，沿断裂带有大量花岗斑岩脉侵入。

综上所述，本区北西向褶皱具有两翼对称、轴面直立，枢纽略有起伏，两翼夹角较大等特点，夹角为大于100°的钝角，转折端基本为圆弧形。

2. 北北西向褶皱

该方向褶皱在本区不甚发育，属宽缓型褶皱。在矿区内，从西往东发育有两个向斜和两个背斜，它们相间排列，斜列展布，在矿区西部较明显，北北西向和北西向褶皱叠加，使矿区内地层呈穹隆状圈闭。现选择北北西向两个主要褶曲简述如下。

(1)西部向斜：该向斜通过 Y_1 岩体西部，轴向北北西，两翼地层优势产状分别为80°∠24°和253°∠33°，轴面产状为347°∠88°，枢纽基本水平，两翼夹角大，约为125°。该向斜斜跨在北西向南岩带背斜上，其南东端被北西向南部向斜限制后仰起消失。

(2)中部背斜：该背斜位于 Y_1 和 Y_2 岩体之间，轴向北北西，两翼地层优势产状分别为260°∠24°和67°∠26°，轴面产状为337°∠85°，枢纽基本水平，两翼夹角大，约为127°。其向北受北岩带背斜限制，在 Y_6 岩体附近消失，向南受北西向南岩带背斜的影响，成弧形通过，最终，受北西向南部向斜限制后仰起消失。

3.2.2 断层

矿区内断裂构造(断层)十分发育，且数量众多，规模大小不等，具多期次活动特征，力学性质十分复杂。按断裂构造的发育方向可分为北西向、北北西向、近东西向和北东向四组。各组断层在本区的主要特征表现如下：

1. 北西向断层

该组方向的断层在矿区内特别发育，主要的断层及其特征分述如下：

(1) F_1：展布于矿区南部边缘，走向北西，上盘为中泥盆统蕴都喀拉组地层，下盘为下石炭统南明水组地层，该断层破碎带附近岩石破碎，裂隙发育，在0号勘探线剖面上，该断层的断面呈舒缓波状，近地表处倾向北东，倾角较大；向深部倾向南西，产状为250°∠270°。断层带内构造透镜体呈定向排列，产状为65°∠50°，该断层为压扭性断层。

(2) F_2 断层：展布于矿区南部、F_1 断层的北侧。断层总体走向为290°左右，在走向上呈舒缓波状，倾向195°~210°，局部地段倾向北东；倾角变化大，从36°至75°不等，一般接近地表产状较平缓，向深部变陡。

(3) F_3 断层：展布于矿区南部、F_2 断层的北侧，沿矿区南部的向斜核部斜贯全区，断层断面总体平直，略呈舒缓波状，倾向50°~60°，倾角40°~70°不等。有花岗斑岩脉沿断层充填，其中发育两组裂隙，产状分别为260°∠55°和330°∠75°。

(4) F_4 断层：展布于 Y_1 岩体南侧，由数条断层构成，单条断裂的断面往往较为平直，略呈舒缓波状，其倾向为40°~50°，倾角为40°~60°。沿该断裂破碎带有辉绿岩脉、石英斑岩脉侵入充填。石英斑岩中发育两组裂隙，其产状分别为190°∠45°和290°∠78°。

(5) F_7 断层：是本矿区规模最大的断裂之一，断层沿南岩带背斜斜贯矿区，为矿区的主要控岩构造，断面呈舒缓波状，总体走向为310°~315°，在40号勘探线以东，断层面倾向北东，以西则倾向南西；F_7 被北北西向断层多次错断。该断层在 8 号勘探线附近从南岩带背斜的北东翼穿过，断面近于直立；在 12 号勘探线断层通过南岩带背斜的核部；而在 16 号勘探线断层位于南岩带背斜的北东翼近核部，断面较为平直，产状为 30°∠39°。该断层破碎带较窄，沿其破碎带有闪斜煌斑岩、石英斑岩脉充填，经钻探控制此断层的延深大于 530 m，沿倾向常分叉呈"Y"形，该断层是矿区的最主要控岩构造，从总体上控制了南岩带各岩体的侵入。

(6) F_9 断层：展布于矿区中部，是由若干条相互平行的断裂构成的一个破碎带，总体走向为 330°～325°。在 71 号勘探线有石英斑岩脉充填，在 28 号勘探线断面较为平直，略呈舒缓波状，倾向为 50°～35°，倾角为 50°～65°。整个断层破碎带宽约 10 m，其内有辉绿岩脉充填，辉绿岩脉中发育两组节理裂隙，产状分别为 150°∠85° 和 70°∠80°，这两组节理裂隙均较平直，且有石英脉充填。上盘围岩中也发育有两组分支裂隙，其产状分别为 105°∠85° 和 200°∠50°。

(7) F_{11} 断层：展布于矿区北部的北岩带褶皱处，为本矿区主要的控岩断裂构造之一。断层总体走向为 315°～330°，断面较为平直，倾向北东，倾角变化大，从 38° 至 75° 不等。该断裂破碎带较宽，常发育断层泥和石英脉。上下盘岩石均发生了强烈的挤压揉皱，产状较为紊乱，其力学性质以压－压扭性为主。沿断裂带有 Y_7、Y_8、Y_9 岩体侵位。

(8) F_{12} 断层：展布于矿区北部，沿北西向北部褶皱产出，走向 293°～303°，其断面呈舒缓波状，总体倾向北东，局部地段在接近地表时倾向南西，倾角较大，一般在 60° 以上。断裂破碎带宽约 21 m，其中发育有大量花岗斑岩脉、辉绿岩脉。花岗斑岩脉中发育两组裂隙，产状分别为 176°∠64° 和 124°∠86°。

综上所述，北西向断层为本矿区的控岩断裂构造，基性岩体呈带状沿该断裂带分布。北西向断层主要特征如下：

①在剖面上具"X"断裂特征：一组倾向北东另一组倾向南西，前者较后者发育；

②断层走向与区域主干构造线方向一致，为区域北西向构造带的组成部分；

③沿断裂带基性岩体呈带状分布，是矿区内的主要控岩构造；

④断层力学性质复杂，具有压－压扭性特征；

⑤断层形成时间较早，有多次活动特征，其中有些断裂规模大、延伸大；

⑥断层常由数条断裂组成，平行展布，构成挤压破碎带；

⑦断裂破碎带中岩石破碎，被强烈研磨呈岩粉状，断裂破碎带中碳酸盐细脉发育。

2. 北北西向断层

矿区内北北西向断层发育程度仅次于北西向断层，其总体走向为 310°～350°。本区内主要的北北西向断层有：

(1)F_{18}断层：展布于矿区西南部，断层面呈舒缓波状，倾向为 250°，倾角为 44°～50°，Y_1岩体西南边部的断裂破碎带宽约 20 m，断裂带中岩石被强烈挤压成粉末状，碳质沉凝灰岩角砾呈扁透镜状，略具定向排列；在 24 号勘探线的探槽中所见断面呈舒缓波状，总体产状为 194°∠80°。沿断裂破碎带发育有辉绿岩脉，辉绿岩的裂隙中充填有石英细脉。

(2)F_{22}断层：分布于矿区中部，与北北西向的中部向斜核部的空间展布一致。断层总体走向为 330°～340°。在 19 号勘探线上 ZK201 钻孔北东 50 m 处探槽内，断面略具舒缓波状，产状为 240°∠40°，断裂破碎带宽约 1 m，岩石被强烈挤压研磨成扁豆状角砾和粉末，构造角砾略呈定向排列，破碎带中碳酸盐脉发育。两盘岩石有明显的揉皱现象，下盘岩层中发育一小断层，其中充填有石英细脉，石英细脉产状为 215°∠42°。

(3)F_{25}断层：展布于矿区东部；断层总体走向为 330°～340°，在 71 号勘探线 ZK305 钻孔附近，断层面较为平直，产状为 66°∠56°，断裂破碎带宽 1 m 左右，破碎带内岩石被强烈挤压破碎成扁豆状角砾和岩粉，最大角砾为 2 cm×1 cm×0.5 cm，角砾具定向排列，总体产状为 5°∠65°，显示断层两盘具顺扭逆冲特征；岩石被强烈挤压后劈理发育，劈理产状为 40°∠63°。

(4)F_{26}断层：展布于矿区东部，F_{25}断层以东；在 71 号勘探线的 ZK401 钻孔北东处，断层面较为平直，产状 65°∠60°，断裂破碎带相对较窄，宽度为 0.5 m 左右；破碎带内岩石被强烈挤压破碎成岩粉和扁豆状角砾，构造角砾具定向排列；劈理发育，产状 40°∠63°；下盘岩层近断层处发育小型压性断层，产状 30°∠65°。

综上所述，北北西向断裂发育程度仅次于北西向断裂，主要特征如下：

①断层走向 340°～350°，一般倾向北东，倾角大；

②断层规模较大，沿走向延伸较远；

③区内北北西向断层大致可分三条，呈带状等间距分布；

④断层有多次活动、力学性质复杂、往往具压扭性断裂特征，切割北西向断裂和基性岩体，Y_1岩体受此组断层与北西向断层的复合控制。

3. 近东西向断层

本区内近东西向断裂不甚发育，但其规模往往较大，其中以位于矿区中部的 F_{29}断裂最具代表性，其总体走向近东西，倾向近北。在 0 号勘探线的泥浆站附近断层面较为平直，产状为 355°∠55°。其上盘岩石中发育一组压性裂隙，该裂隙产状为 190°∠69°。沿 F_{29}断层破碎带有石英脉充填，石英脉宽约50 cm，其中发育三组节理裂隙，产状分别为 115°∠85°、216°∠22°和 15°∠55°。

近东西向断层往往具有如下共同特征：

①断层总体走向为北东东至近东西向，倾向近南或近北，倾角均较大；

②近东西向断层是在早期北西向构造配套的近东西向压扭性断裂基础上，经多次活动发展起来的；

③断层两盘错动方向以反扭为主，局部地段常保留顺扭痕迹。

4. 北东向断层

本矿区内北东向断裂不甚发育，该组断层走向为北东35°左右，在地貌上常构成断陷洼地，洼地内沉积第三系古新－始新统的红层和第四系浮土层。本区最具代表性的是F_{32}断层，其规模较大，展布于矿区东部，在59号勘探线附近断面较平直，产状为140°∠60°，断层破碎带中角砾略具定向排列，断层性质为张扭性。

3.3 矿区含矿岩体特征

喀拉通克矿区已发现10个镁铁质岩体，总体构成一个岩带，位于锡伯渡—喀拉通克基性岩带的中东段；这些岩体均侵位于下石炭统南明水组地层中。该岩带的总体走向为310°左右，与次级背斜轴一致，与区域性北西向构造带方向300°略有偏离。按岩体出露位置又可分为南、北2个岩带。南岩带长4000 m，宽100～300 m，北岩带长2200 m、宽50～250 m，岩带中Y_1长695 m，走向330°～335°，Y_2长1440 m以上，Y_3长1320 m以上；Y_9长650 m，走向均为310°左右，Y_6、Y_7、Y_8岩体走向为30°～45°，与主构造线又有不同的偏离。上述特征表明：本区岩体群的侵位主要受区域断裂构造的控制，但提供单个岩体就位的不是区域性的300°方向的冲断裂，而是次级背斜轴部的支断裂。根据南岩带岩体形态剖面图、中段图和投影图，表明Y_1为歪斜漏斗状、Y_2为扁脉状（图3－2）、Y_3为香肠状，三者相距较近，岩体水平断面中心连线呈蛇形弯曲，反映了追踪张裂的特点。北岩带因为其侵入部位高、剥蚀深，现在所见为岩体底部，较难确定其岩体侵位时的形状和产状。南岩带的三个主要岩体（Y_1、Y_2、Y_3），具有分异良好、相带清晰、矿化发育的特点，且随着岩体基性程度增高，有矿化增强的趋势；北岩带的岩体（Y_4～Y_9）规模小、分异差、矿化相对较弱。

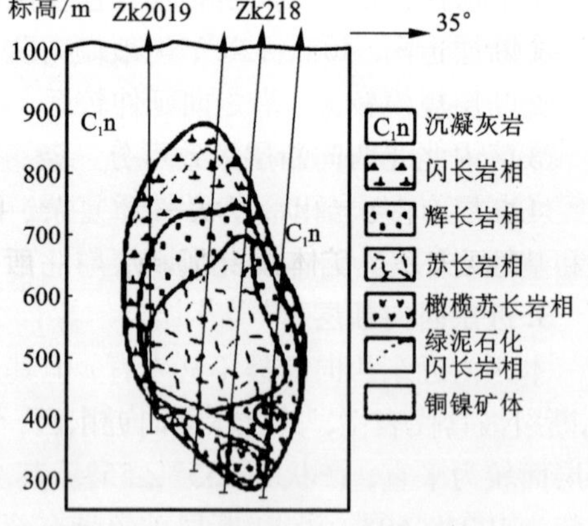

图3－2 喀拉通克Y_2岩体剖面图

这些岩体中，Y_1岩体已探明为大型铜镍硫化物矿床，Y_2、Y_3岩体为中型铜镍硫化物矿床，Y_6～Y_9为小型铜镍硫化物矿床。

3.3.1　岩(矿)体形态特征

3.3.1.1　一号矿床特征

1) Y_1 岩体

Y_1 岩体赋存于下石炭统南明水组上段下层(C_1n^{3-1})的含碳质沉灰岩中。位于矿区西北部，介于12～42线之间，总体走向330°，倾向北东，倾角70°，向南东侧伏，侧伏角37°，经勘探岩体投影长800 m，最大倾斜深620 m，最大宽300 m，北西端出露地表，呈一纺锤状短脉体。岩体由闪长岩、苏长岩、橄榄苏长岩、辉绿辉长岩和致密块状硫化物五岩相带构成。矿体主要位于基性杂岩体的中下部，明显受岩体控制，与岩体产状基本一致，为一不规则的脉状体。矿体长795 m，最大斜深435 m，最大宽150 m，按工业类型可划分为：特富矿，富矿，贫矿。矿体包容关系明显，由核部向外部依次为特富矿→富矿→贫矿。矿石中主要矿物有：黄铜矿、磁黄铁矿、镍黄铁矿、紫硫镍矿、黄铁矿、磁铁矿等。脉石矿物主要有：斜长石、古铜辉石、普通辉石、普通角闪石、绿泥石、贵橄榄石等。围岩蚀变主要有硅化、碳酸盐化、绿泥石化和蛇纹石化等。

2) Y_2 岩体

Y_2 号岩体赋存于下石炭统南明水组上段下层(C_1n^{3-1})的含碳质沉凝灰岩中。位于一号岩体东南端，相距不到400 m，介于12～51勘探线间，为埋深150 m左右的隐伏岩体。地表投影呈规则的长柱状，长1700 m以上，宽30～200 m，两端边界未圈定。岩体总体走向310°，倾向北东，倾角70°～80°。纵剖面上界起伏较大，最高点在11线和35线处，标高为870 m，最低点在51～43线处，标高为800 m。岩体下界比较平直，自东向西在11线附近稍向上突起，最大高程为430 m，到3线稍向下垂，最低标高320 m。上下界在0线附近趋于收拢，总体上形似表面不平整的一节莲藕，中线标高在600 m处。

岩体自上而下依次为闪长岩相、辉长苏长岩相、橄榄苏长岩相。各岩相间呈过渡关系，矿体与岩相带产状一致，主要由浸染状、致密块状矿石组成与岩石呈渐变和突变关系。矿体长1650 m，厚一般10～50 m。矿体在横剖面上呈钩状居于岩体中下部，赋存于橄榄苏长岩与辉长苏长岩相中。

其中西段矿体展布于12～19线间，目前控制矿体长775 m，矿体主要赋存在辉长苏长岩相中，次为橄榄苏长岩相，矿石以致密块状为主，次为浸染状，多数直接产出于围岩地层中，受岩浆通道控制的特征明显，矿体厚大部位在510水平中段。东段矿体展布于19～51线间，矿体长875 m，赋存于岩体底部辉长苏长岩相内，矿石以浸染状为主。矿体厚大部位在中部39线，为75 m，沿走向向东、西两端厚度逐渐变薄。围岩蚀变基本同一号矿床。2015年中科院承担的科研项目在东段矿体51线施工的坑内钻孔中首次发现橄榄辉石岩、辉石岩的超基性岩体，预示向东深部存在较大的超基性岩体，此思路进一步拓宽了找矿思路和方向。

3) Y_3 岩体

Y_3 号岩体位于矿区南部背斜东段 59 ~ 111 勘探线间。含矿岩体为中 - 基性杂岩体。侵位于下石炭统南明水组上段之下部层位，为一隐伏岩体，围岩为一套滨海 - 浅海相碎屑沉积建造夹火山碎屑沉积建造。上部岩性为浅灰色泥板岩，中细屑、中粗屑、含砾中粗屑沉凝灰岩等，厚一般 20 ~ 30 m；下部岩性为炭质泥板岩、炭质沉凝灰岩、含炭中细屑、中粗屑沉凝灰岩，局部有沉火山角砾岩。其特征是含不同量的炭质，厚度大，层理清楚，具明显的沉积韵律。

岩体埋藏于 840 ~ 420 m 标高之间，形似一平放的"棒槌状"，延长 1320 m 左右，北西端及南东端都未圈闭，向北西有与二号岩体相接的趋势，向南东延至 G11 号重力异常，显示其仍有较大延伸空间。岩体一般宽 200 m，最宽可达 420 m，总体走向 310°。纵剖面上界起伏不大，埋藏最浅处在 87 线，处于 840 m 标高，下界埋深最大部位在 59 线，处于 420 m 标高，大致以 120 m 左右的高差向南东端抬升。南东部厚度较小，北西端厚度较大，在 63 ~ 71 线间厚度最大达 390 m，岩体中线在 650 m 标高水平。

岩相分带比较清楚，自上而下依次为闪长岩相、角闪辉长岩相和角闪苏长岩相，各岩相带之间呈过渡关系，界面大致平行，并按上述岩相层次自西向东依次超覆，与岩体底界面斜交。矿体呈似层状，分布在岩体底部角闪辉长与角闪苏长岩相中，经本次勘查，矿体从 63 线西到 95 线东延至 109 线，向南东仍未圈闭，控制总长由 983 m 增至 1286 m。矿体厚度变化不大，一般为 7.5 ~ 18.0 m，95 线较厚为 21.0 m，平均 15.0 m，矿石类型均为浸染状，特征与二号东段矿体的结构特征极其相似。

4) 矿区其他岩体特征

除南岩带上述 3 个主要岩体之外，还有北岩带的 Y_4 ~ Y_9，和南岩带南部的 Y_{11} 岩体，这些岩体的特征见表 3 - 1。

表 3 - 1　本区中基性岩体及其矿体特征一览表

岩体名称和岩体特征				矿体特征								
岩体名称	规模/m	形态	岩相	序号	规模/m	Cu/%	Ni/%	Cu/Ni	Se/Te	Ag/Au	Pd/Pt	储量
Y_4岩体	长 140 宽 60	透镜体	花岗闪长岩辉绿岩									矿化
Y_5岩体	长 250 宽 100	隐伏不清	闪长岩辉绿岩									矿化

续表 3-1

岩体名称和岩体特征				矿　体　特　征							
岩体名称	规模/m	形态	岩相	序号	规模/m	Cu/%	Ni/%	C_u/Ni	Se/Te	Ag/Au	Pd/Pt	储量
Y_6岩体	长120 宽33 深26	脉状	闪长岩	6	长50 宽10 深20	0.97	0.31	3.13				小
Y_7岩体	长250 宽94 深75	分枝脉状	闪长岩 辉绿岩	7	长200 宽34 深39	2.39	0.71	3.37	9	56.73	1.65	小
Y_8岩体	长92 宽45 深57	透镜体	闪长岩	8	长55 宽11 深31	1.06	0.15	7.07	2	46.88	1.64	小
Y_9岩体	长650 宽270 深227	分枝脉状	闪长岩 辉绿岩	9	长200 宽15 深1.9	0.88	0.35	2.51	3.33	52.37	1.83	小
Y_{11}岩体	长100 宽20	脉状	辉绿岩									

注：Y_1、Y_2、Y_3 的资料在文中有详细论述，故未列入此表中，其中 Y_1 为大型矿床，Y_2、Y_3 为中型矿床。

3.3.1.2　二号矿床的特征

二号矿床为一富含铜镍及钴、金、银、铂、钯等多种有益伴生元素的中基性杂岩体，经过熔离、熔离贯入，热液交代等成矿作用，在有利的岩相、构造部位富集成矿。该矿床又分为二号矿床东段矿体和二号矿床西段矿体。矿体大部分赋存在岩体底部、部分在岩体中下部，个别在岩体与围岩接触带中。

1）二号矿床东段矿体

依据矿石类型、工业品级，将二号矿床东段矿体划分为铜镍混合矿体，铜工业矿体和低品位铜矿体三种。铜镍混合矿体是东段矿体的主矿体。矿体展布在19～51线间，总长875 m（西起19线西、东至51线东），埋深在地表以下520～710 m，矿体总走向310°，倾向南西，产状随岩体产状变化而变化，倾角：南东端（43～51线）为40°～50°，北西端渐变为70°～80°。矿体呈略具膨缩现象的不规则分支脉状体，在纵投影图上为两端（19、51线）向上翘起，中部（35线）为向下凹之弯月形，在横剖面上：19～27线为不规则分枝脉状，35～51线为不规则脉状。矿体厚大部位展布在中部，向两端逐渐变薄，最厚在31、39线，视厚度分别为59.28 m、51.50 m，铜镍品位在矿体内由东向西呈逐渐变贫的趋势。低品位铜矿体多数分布在铜矿体之上辉长苏长岩相中部，少数分布在铜镍混合矿体下部或沿走向因品位变化而近靠铜镍混合矿体和铜矿体展布。铜矿体和铜镍混合矿体中铜镍品位一般铜大于镍，铜镍比值为2.04∶1，两者呈正消长关系。铜镍品位在矿体内沿走向由东向西从富逐渐变贫，矿体在沿倾向上镍品位变化不大，但在矿体中下部，局部靠近底部铜品位在不同地段变富。

矿石类型以浸染状矿石为主，团斑状矿石次之，局部见致密块状、胶结状、细脉状、网脉状矿石。成矿作用以岩浆熔离成矿为主，只在局部地方又迭加晚期热液交代成矿和岩浆晚期贯入成矿。

2）二号矿床西段矿体

矿体赋存于富含铜镍及钴、金、银、铂、钯等多种有益伴生元素的中基性杂岩体中，经过熔离、岩浆贯入，热液交代等成矿作用，在有利的岩相、构造部位富集成矿。矿体大部分赋存在岩体底部、岩体与围岩接触带中，部分赋存在岩体中下部。

依据矿体成因类型、矿石类型、矿石品级的不同，并考虑矿体形态、产状及赋存岩相的不同，将二号矿床西段19～12勘探线间矿体按铜镍品位划分为三种不同工业品级矿体及一种低品位矿体，即：特富矿体（代号Ⅰ，Cu或Ni≥3%）；富矿体（代号Ⅱ，1%≤Cu或Ni<3%）；贫矿体（代号Ⅲ，0.5%≤Cu<1%或0.38%≤Ni<1%）；低品位矿体（代号Ⅳ，0.3%≤Cu<0.5%或0.25%≤Ni<0.38%）。

a.低品位矿体（Ⅳ）

矿体展布于三个区间，其中第一区间（$Ⅳ_1$、$Ⅳ_4$）位于15线东75 m至11线西50 m的527～726 m水平间，控制倾斜长270 m，$Ⅳ_1$矿体铜平均品位0.32%，镍平均品位0.20%。第二区间（$Ⅳ_2$）位于7线485～540 m水平间，控制长50 m，铜平均品位0.48%，镍平均品位0.21%。第三区间（$Ⅳ_3$）位于1线东西两侧各25 m的547～605 m水平间，控制长50 m，铜平均品位0.33%，镍平均品位0.26%。矿体呈分支脉状，厚度变化大，最薄2 m，最厚25 m，产状同Ⅲ矿体，矿石类型以稀疏浸染状、星点状矿石为主。

b.贫矿体（Ⅲ）

矿体展布于三个区间，其中第一区间（$Ⅲ_1$、$Ⅲ_4$）位于4线西25 m至15线东75 m的450～765 m水平间和15线东西两侧各12.5 m的580～618 m水平间，$Ⅲ_1$矿体控制长600 m，铜平均品位0.40%～0.61%，镍平均品位0.33%～0.41%。$Ⅲ_4$矿体控制长25 m，铜平均品位0.60%，镍平均品位0.50%。第二区间（$Ⅲ_2$）位于10线东西两侧各25 m的495～555 m水平间，控制倾斜长80 m，铜平均品位0.93%，镍平均品位0.70%。第三区间（$Ⅲ_3$）位于4线东西两侧各25 m的623～706 m水平间，控制长50 m，铜平均品位0.53%，镍平均品位0.39%。

矿体呈分支脉状。走向上由东向西各分支矿体厚度变化较大，11线三个分支分别为3.0 m、6.0 m和4.0 m，3线两个分支分别为11.5 m和20.5 m，向西至

4线时渐变为一支，且厚度显著变薄(3.0 m)。在3线500 m水平附近两分支合并，厚度变大为45 m，向深部逐渐尖灭。矿体总走向310°，倾向北东，倾角3~4线为75°~80°，11线为单工程控制，倾角不明。矿石类型以稀疏－中等浸染状、团斑状矿石为主，局部地段见热液交代型细脉状矿石。矿体赋存在角闪辉长岩、蚀变闪长岩中。

c. 富矿体(Ⅱ)

矿体展布于两个区间，其中第一区间($Ⅱ_1$)位于1线西25 m至5线东25 m的452~554 m水平间，控制长150 m，铜平均品位1.30%~1.48%，镍平均品位0.66%~0.95%。第二区间($Ⅱ_2$、$Ⅱ_3$)位于4线西25 m 451~552 m水平间和8线东西两侧各25 m的535~558 m水平间。$Ⅱ_2$矿体控制长100 m，铜平均品位1.62%~1.92%，镍平均品位1.23%~1.24%。$Ⅱ_3$矿体控制倾斜长55 m，铜平均品位1.15%，镍平均品位0.24%。矿体呈分支脉状，其分支尖灭点分别为526 m、573 m水平，向下在502 m水平合并。产状同Ⅲ矿体。矿石类型以中等浸染状矿石为主，中等－稠密浸染状矿石次之(岩浆熔离成矿)，局部见热液交代型细脉浸染状矿石叠加在浸染状矿石之上。

d. 特富矿体(Ⅰ)

矿体展布于三个区间，其中第一区间($Ⅰ_1$)位于1线西25 m至3线东25 m的455~568 m水平间，控制长100 m，铜平均品位3.40%~5.06%，镍平均品位2.69%~3.35%。第二区间($Ⅰ_2$)位于2线东25 m至10线西25 m的423~586 m水平间，控制长250 m，铜平均品位3.75%~3.91%，镍平均品位1.91%~2.14%。第三区间($Ⅰ_3$)位于0线东西两侧各12.50 m的623~706 m水平间，控制长25 m，铜平均品位2.28%，镍平均品位3.12%，呈透镜状展布于含炭质中细屑沉凝灰岩中，矿石类型为致密块状矿石，成因为岩浆熔离贯入作用形成。

3)三号矿床矿体特征

依据矿石类型、工业品级、矿体空间位置，将三号矿体划分为铜镍混合工业矿体和低品位铜镍矿体二种。铜镍混合工业矿体是三号矿床的主矿体(矿体编号$Ⅲ_1$、$Ⅲ_2$、$Ⅲ_3$)，矿体规整，层位稳定，分布在岩体底部辉长苏长岩相内。其特征如下：

a. 铜镍混合工业矿体(Ⅲ)

$Ⅲ_1$矿体展布于63勘探线西50 m至79勘探线东50 m的434~544 m水平间，控制长500 m，呈近于水平的似层状分布在岩体底部角闪苏长岩相中。矿体规整，层位稳定，由西向东赋存部位具逐渐抬升的趋势，厚度和品位变化不大，厚度最厚处为23.15 m(67勘探线)，平均为13.41 m，铜品位最高为3.09%(71勘探线)，平均品位1.03%，镍品位最高为1.51%(67勘探线)，平均品位0.55%。矿石类型以稀疏~中等浸染状矿石为主，局部地段见热液交代型细脉状矿石，偶见致密块状矿石。

$Ⅲ_2$矿体展布于87勘探线西50 m至95勘探线东50 m的534~564 m水平间，控制长300 m，呈近于水平的似层状分布在岩体底部角闪苏长岩相中。矿体规整，层位稳定，赋存部位、厚度变化不大，厚度最厚处为15.20 m(95勘探线)，平均为6.77 m。铜镍品位沿走向由西向东具逐渐变贫的趋势，铜品位最高为1.77%(87勘探线)，平均品位为0.84%，镍品位最高为1.20%(87勘探线)，平均品位为0.49%。矿石类型以稀疏~中等浸染状矿石为主，局部地段见热液交代型细脉状矿石。

$Ⅲ_3$矿体展布于63勘探线西50 m至79勘探线东50 m的464~534 m水平间，控制长500 m，呈近于水平的似层状、分支脉状，分布在岩体底部角闪苏长岩相Ⅲ1矿体之上。矿体规整，层位稳定，赋存部位、厚度及铜镍品位变化不大，厚度最厚处为4.42 m(79勘探线)，平均为2.24 m，铜品位最高为1.04%(79勘探线)，平均品位0.60%，镍品位最高为0.77%(79勘探线)，平均品位0.47%。矿石类型以稀疏-中等浸染状矿石为主，局部地段见热液交代型细脉状矿石。

B. 低品位矿体($Ⅲ_W$)

矿体展布于三个区间，其中第一区间($Ⅲ_{1W}$)展布于75勘探线两侧478~506 m水平间，是75勘探线底部铜镍混合工业矿体($Ⅲ_1$)南西倾斜方向的延伸部分，由ZK7504单孔控制，控制倾斜长50 m，铜平均品位0.39%，镍平均品位0.21%。第二区间($Ⅲ_{2W}$)展布于95勘探线两侧556~598 m水平间，是95勘探线底部铜镍混合工业矿体($Ⅲ_2$)北东倾斜方向的延伸部分，由ZK329单孔控制，控制长65 m，铜品位0.37%，镍品位0.26%。第三区间($Ⅲ_{3W}$)展布于83勘探线两侧545~548 m水平间，是铜镍混合工业矿体($Ⅲ_3$)北东倾斜方向的延伸部分，由ZK8302单孔控制，控制长32 m，铜品位0.31%，镍品位0.16%。矿体呈似层状，厚度变化大，最薄2.09 m，最厚3.50 m，产状同Ⅲ矿体，矿石类型以稀疏浸染状、星点状矿石为主。

3.3.2 岩体岩石类型及岩相特征

组成本区中基性岩体的主要造岩矿物有：橄榄石、古铜辉石、普通辉石、斜长石、普通角闪石、黑云母等；其中，斜长石、普通角闪石、黑云母存在于岩体的各个岩相带中，为本区岩体的贯通矿物；橄榄石的f_{O_2}值为76.29%~78.64%，它与古铜辉石存在于岩体下部的基性程度较高的岩石中；普通角闪石是辉绿辉长岩中的主要矿物；在岩体上部的闪长岩中还可见少量碱性长石和石英。

1. 岩石类型

按照1972年国际地科联火成岩分类方案，本区岩体的岩石类型可划分为：黑云角闪橄榄苏长岩、黑云角闪苏长岩、黑云闪长岩、斜长方辉橄榄岩、黑云角闪橄榄辉绿辉长岩、黑云角闪辉绿辉长岩和花岗闪长岩等。其中，南岩带的 Y_1、Y_2 岩体以黑云角闪橄榄苏长岩、黑云角闪苏长岩占绝对优势，其他岩石较少，而 Y_3 岩体以闪长岩为主，次为角闪苏长岩和角闪辉长岩。北岩带岩体主要为闪长岩和辉绿岩，Y_4岩体出露部分为花岗闪长岩。所以，南岩带岩体是以基性岩为主体，含少量中性岩与极少量超基性岩。北岩带岩体主要为中－中基性岩体。

(1)黑云角闪橄榄苏长岩：该岩石类型以黑云角闪橄榄苏长岩为主，其次有角闪橄榄苏长岩、黑云橄榄苏长岩、角闪黑云橄榄苏长岩等。岩石为深灰－灰黑色，中粗粒状，少量中细粒状，岩石结构以包橄结构为主，其次还有辉长结构、反应边结构、嵌晶结构、海绵陨铁结构。岩石呈块状构造。主要矿物有(括号内为含量)拉长石(15%～49%)、古铜辉石(10%～30%)、橄榄石(10%～40%)；次要矿物有棕色普通角闪石(5%～20%)、黑云母(5%～15%)、普通辉石(少于3%)；副矿物有磷灰石、磁铁矿、钛铁矿等。岩石中金属硫化物含量高，呈稀疏浸染状－稠密浸染状分布。岩石化学分析结果表明 SiO_2 含量低，为40%～45%。该类岩石中广泛发育滑石化、蛇纹石化、皂石化、绿泥石化、阳起石化等蚀变。

(2)黑云角闪苏长岩：该岩石类型以黑云角闪苏长岩、黑云苏长岩、角闪苏长岩、含石英黑云角闪苏长岩、黑云角闪辉长苏长岩等为主。该类岩石呈深灰－暗绿色，中细粒－中粗粒状；以嵌晶结构为主，其次有辉长结构、反应边结构等；岩石呈块状构造。主要矿物有(括号内为含量)拉长石(30%～50%)、古铜辉石(20%～30%)；次要矿物有棕色普通角闪石(3%～15%)、黑云母(2%～10%)、普通辉石(小于5%)、石英(小于5%)；副矿物有磁铁矿、磷灰石、榍石等，金属硫化物呈稀疏浸染状分布。其 SiO_2 含量为45%～53%。该类岩石中滑石化、绿泥石化、阳起石化等蚀变发育。

黑云角闪苏长岩中的黑云母含量(8%～15%)大于角闪石含量(5%～8%)。

黑云苏长岩中黑云母含量为8%～12%，而角闪石含量小于5%。

角闪苏长岩中角闪石含量为10%～15%，而黑云母含量小于5%。

黑云角闪辉长苏长岩中普通辉石含量大于5%。

含石英黑云角闪苏长岩中石英呈0.1～0.2 mm他形粒状，分布于斜长石粒间，有的与碱性长石连生构成显微花斑交生体，石英含量为3%～5%，石英具波状消光特征。

(3)闪长岩：该岩石类型除斜长方辉橄榄岩外，还包括黑云闪长岩、石英闪长岩、辉石闪长岩等。以前者为主。岩石呈灰－绿灰色，中细粒半自形粒状结构，块状构造。主要矿物有(括号内为含量)中－更长石(60%～70%)、普通角闪石(10%～25%)；次要矿物有黑云母(2%～10%)、石英(2%～15%)、碱性长石(小于3%)；副矿物有磷灰石、磁铁矿、榍石、锆石和金属硫化物等；SiO_2 含量为50%～55%。闪长岩中发育的蚀变主要有钠黝帘石化、碳酸盐化、绢云母化和高岭土化。

石英闪长岩中石英呈他形粒状分布，含量为5% ~15%。

黑云闪长岩中黑云母含量为5% ~10%。

辉石闪长岩中普通辉石含量为5% ~7%。

(4)斜长方辉橄榄岩：该岩石类型包括斜长黑云方辉橄榄岩。其发育于黑云角闪橄榄苏长岩下部，呈零星团块状产出，数量极少，灰黑色，以中粗粒结构和包橄结构为主，其次有半自形粒状结构、嵌晶含长结构、海绵陨铁结构等。岩石呈块状构造。主要矿物有(括号内为含量)橄榄石(40% ~50%)、棕色普通角闪石(10% ~20%)、古铜辉石(8% ~10%)；次要矿物有拉长石(8% ~15%)、黑云母(5% ~15%)；副矿物有磷灰石、磁铁矿、钛铁矿、榍石等；岩石中金属硫化物含量高。

(5)黑云角闪橄榄辉绿辉长岩：该岩石类型包括黑云橄榄辉绿辉长岩、橄榄辉绿辉长岩、角闪橄榄辉绿辉长岩。该类岩石呈绿黑 - 灰黑色，中细粒状，主要结构为嵌晶结构和辉长辉绿结构，其次为海绵陨铁结构和不等粒结构，岩石呈块状构造。其主要矿物有(括号内为含量)拉长石(30% ~50%)、古铜辉石(10% ~30%)；次要矿物有：橄榄石(5% ~25%)、普通辉石(5% ~10%)、角闪石(5% ~10%)和黑云母(3% ~7%)；副矿物有磷灰石、磁铁矿和钛铁矿等。金属硫化物含量较高。岩石发育蛇纹石化、皂石化、绿泥石化和阳起石化等蚀变。

(6)黑云角闪辉绿辉长岩：岩石为绿灰色，细粒状，具辉绿结构、嵌晶结构和辉绿辉长结构，块状构造。主要矿物有(括号内为含量)拉长石(40% ~70%)、普通辉石(5% ~10%)；次要矿物有普通角闪石(5% ~10%)、黑云母(5% ~10%)和古铜辉石(5%以下)；副矿物有磷灰石和磁铁矿、金属硫化物等。岩石硅酸盐分析结果：SiO_2 含量为41% ~49%。

(7)混染辉长岩：是基性岩浆同化了围岩捕虏体而结晶冷凝形成岩石。此类岩石主要分布于岩体外带，数量较少，但在黑云角闪橄榄苏长岩上部与黑云角闪苏长岩的过渡带出现较多。如在20 ~38 号勘探线之间长约540 m 的地段内，这种混染岩石呈断续的新月形分布。由于基性岩浆同化了围岩而受到不同程度的混染，斜长石中钠长石成分增加，古铜辉石锐减，普通辉石含量升高，橄榄石消失。这类岩石为灰 - 深灰色，呈0.1 ~3 mm 大小不等的粒状，岩石呈辉长辉绿结构、残余结构，斑杂状构造。主要矿物(括号内为含量)为钠 - 中长石(30% ~80%)、角闪石(10% ~40%)、普通辉石(10% ~30%)；次要矿物有：黑云母、绿泥石和极少量的古铜辉石。

2. 岩石的结构构造

1)岩石的结构

矿区内含矿侵入体中各类岩石均具有显晶质结构，按组成矿物颗粒的大小划分，大部分岩石属中粒结构，边部矿物颗粒较细，属中细粒结构。根据矿物晶体形态，自形程度和组成矿物颗粒间的交生、包嵌、穿插关系，以及岩石的次生变化、成岩后经历动力作用所形成的结构，将本区岩体中岩石的主要结构类型可分如下几类：

辉长结构：组成岩石的主要矿物中长石、拉长石与辉石自形程度相近，皆呈半自形晶体，相互呈不规则排列，构成辉长结构。这种结构特征反映了拉长石与辉石同时从岩浆中结晶析出，是部分橄榄苏长岩与苏长岩中常见的结构。

辉绿辉长结构：组成岩石的主要矿物为基性斜长石与辉石，它们均呈半自形晶状，且斜长石的自形程度略高于辉石。该结构是一种介于辉长结构与辉绿结构之间的一种过渡结构类型，常见于岩体边部的辉绿辉长岩中。反映岩体边部处于冷却速度较快的环境，故其结构与浅成条件下形成的辉绿岩的结构相似。

自形－半自形粒状结构：岩石主要由自形－半自形的中性斜长石、棕色普通角闪石及黑云母组成，少量正长石和石英呈他形粒状，为闪长岩中常见结构。

嵌晶结构：在一些大颗粒的拉长石中，包嵌有许多自形－半自形的古铜辉石小晶体颗粒，或在大颗粒的辉石或黑云母中，包嵌了许多自形程度较高的板条状斜长石晶体。该结构表明被包嵌的矿物结晶时间早于包含它们的矿物。前一种情况常见于苏长岩中，后一种情况常见于辉绿辉长岩和橄榄辉绿辉长岩中。

反应边结构：显微镜下常见古铜辉石和普通辉石发育有棕色普通角闪石的反应边；橄榄石也常被古铜辉石包裹交代呈反应边结构；棕色普通角闪石边缘也常常发育有黑云母的反应边。这种反应边结构在基性岩的铁镁矿物中非常发育，它是岩浆结晶过程中物理化学条件变化较快的标志。

包橄结构：在古铜辉石和棕色普通角闪石的大颗粒晶体中，包含了较多半自形或浑圆粒状的橄榄石小晶体颗粒，构成包橄结构。反映了橄榄石先于古铜辉石和棕色普通角闪石从岩浆中结晶出来，橄榄石被后两者包裹交代。其常见于橄榄苏长岩中。

海绵陨铁结构：岩石中大量的金属硫化物呈他形晶充填在早期自形程度较高的橄榄石、辉石、角闪石等矿物之间，构成海绵陨铁结构。这些橄榄石、辉石常被金属硫化物熔蚀成浑圆状，往往在这些晶体边部发育有次闪石、滑石、蛇纹石的反映边。橄榄辉绿辉长岩和橄榄苏长岩中常见这种结构。

不等粒结构：橄榄石和辉石在岩石中有两种大小差别较大的颗粒存在，但大的“斑晶”和小的“基质”基本上是同一世代的产物，且在相同或接近的物理化学条件下结晶形成的，类似于似斑状结构。该结构发育于岩体边部及底部的橄榄辉绿辉长岩中。

显微文象结构：在岩体上部的石英闪长岩中，显微镜下偶见石英与碱性长石交生，构成显微文象结构。石英呈尖棱角状、文象状，有规律地与碱性长石镶嵌共生，在正交偏光下，这些石英嵌晶具有同时消光的特征。这种结构特征是由相当于石英、碱性长石组成的共结成分残浆，在共结温度下同时结晶，并按一定的结晶方位穿插生成。这种结构是基性岩浆结晶晚期，粒间残余岩浆结晶中常出现的一种结构。

碎裂结构：这是一种在超过岩石弹性极限强度的应力作用下，岩石本身及组成矿物发生破碎、粒化而形成的结构。该结构主要发育于岩体破碎带中。

糜棱结构：在强烈的应力作用下，组成岩石的矿物被搓碎、磨细呈糜棱状条纹或条带状定向分布，称为糜棱结构。该结构主要存在于岩体断裂破碎带中。

2)岩石构造

岩石构造是指组成岩石的各部分在形成岩石时的结晶作用及形成后的变化所造成的相互排列、配置与充填方式的特征，岩石的每个部分都是矿物或玻璃的集合体，各部分都有自己的结构特征。本区岩石的构造主要有：

块状构造：岩石中各种矿物组成均匀的集合体，无定向排列，不具有其他特殊现象的均匀块体，称为块状构造。它是火成岩中极为常见的构造。

斑杂状构造：岩体边部和上部的岩石中，由于存在较多围岩捕虏体而形成的一种构造。它是岩浆对围岩捕虏体不均匀的同化混染的结果。

定向构造：它是在强烈挤压破碎带中、岩石被挤碎后的大颗粒形成透镜体、产生定向排列而成的一种构造，同时破碎带中还出现片理化和小颗粒矿物的定向排列。

3. 岩相特征

根据本区岩体的地质产状、岩石组合、结构构造、矿物成分及其变化等特征，该岩体可划分出四个岩相带：辉绿辉长岩相带、橄榄苏长岩相带、苏长岩相带和闪长岩相带；各岩相带之间均呈渐变过渡关系。

辉绿辉长岩相带：是岩体的边缘相带，分布于岩体的底部及边缘。横剖面上，呈“V”形或环形窄边；水平断面上为一包围岩体的外壳。该岩相带主要由黑云角闪橄榄辉绿辉长岩、黑云角闪辉绿辉长岩组成，岩石以辉绿辉长结构为主，它是岩浆侵位后最早结晶的岩相带，由于处于岩体边部，岩浆冷凝速度快，矿物粒度小，同时，由于它分布于岩体边缘而受到了围岩的混染。

橄榄苏长岩相带：分布于岩体的中下部，主要岩石类型有暗色黑云角闪橄榄苏长岩、黑云橄榄苏长岩、暗色角闪橄榄苏长岩等，局部可见少量斜长方辉角闪橄榄岩和斜长黑云方辉橄榄岩等。该岩相带以铁镁矿物含量多、铜镍矿化好为特点。

苏长岩相带：分布于岩体中上部，为 Y_1 岩体出露于地表的主要岩相带，岩石类型有黑云角闪苏长岩、角闪黑云苏长岩、黑云苏长岩、角闪苏长岩、含石英黑云角闪苏长岩及黑云角闪辉长苏长岩等。该岩相带中金属硫化物含量较低，上部呈星散状分布，下部呈稀疏－中等浸染状分布或沿裂隙呈细脉状、网脉状分布。

闪长岩相带：分布于岩体上部，Y_1岩体的闪长岩相带由于风化剥蚀，仅有部分残留。主要岩石类型自下而上有辉石闪长岩、黑云闪长岩及石英闪长岩等。该岩相带矿化微弱，属不含矿岩相带。

综上所述，以 Y_1、Y_2 岩体代表，在垂向剖面上，自下而上岩相变化是：辉绿辉长岩相→橄榄苏长岩相→苏长岩相→闪长岩相，在辉绿辉长岩相带中的黑云角闪橄榄辉绿辉长岩，相当于橄榄苏长岩与辉绿辉长岩的过渡类型，往往只分布于岩体的底部和边部，属于边缘相岩石，构成包裹岩体的外壳。各岩相间呈渐变过渡关系；除辉绿辉长岩以外，从下部岩相至上部岩相，岩石的基性程度逐渐降低，岩石的 SiO_2 含量由 40% ~45% 变化到 55%，反映在矿物成分上是下部含橄榄石，上部含石英；岩石结构的变化是：以包含结构为主→辉长结构→半自形粒状结构；岩石的固结指数按此顺序由大变小；镁铁比值也由大变小，这些变化规律表明岩体均是基性岩浆分异演化的产物。从岩相与矿化关系看，下部基性程度高的岩相含矿性好；分异演化晚期的偏中酸性的岩相含矿性差。

4. 蚀变特征

1）中基性岩体围岩的蚀变特征

（1）接触热变质：由于中基性岩体的侵位带来了大量热能，使围岩发生了接触热变质，在沉凝灰岩中主要表现为角岩化：碎屑颗粒的次生加大，填隙物的重结晶和黑云母等新生变质矿物的形成；对凝灰质碳质泥板岩的影响，则表现为碳质的石墨化，黏土矿物的重结晶、净化和聚集作用，形成红柱石或堇青石雏晶斑点板岩；近岩体处，热变质作用增强则形成黑云斜长角岩和透辉石角岩等。

（2）碳酸盐化：近岩体接触带处的沉凝灰岩中有大量碳酸盐矿物呈稠密浸染状交代岩石，远离岩体接触带碳酸盐矿物迅速减少。

（3）硅化：表现为围岩裂隙中有细小的硅化石英脉和石英碎屑颗粒发育并有次生加大现象。

2）中基性岩体内部岩石的蚀变特征

本区岩体内部岩石的蚀变作用也较发育，主要蚀变有滑石化、蛇纹石化、皂石化、绿泥石化、阳起石化、绢云母化、钠黝帘石化、碳酸盐化、钠长石化、葡萄石化和硅化等。

（1）滑石化：滑石化是本区最发育的一种蚀变。主要发育于橄榄苏长岩、黑云角闪苏长岩及橄榄辉绿辉长岩中。发生滑石化的矿物主要为古铜辉石和橄榄石。在岩体的不同部位，滑石化强度存在明显的差异，根据滑石化的强弱大致可分三种：滑石化较弱的，表现为滑石沿古铜辉石和橄榄石的解理裂隙交代充填，形成不规则网脉；滑石化较强的，部分辉石和橄榄石被交代，但在鳞片状滑石中还保留辉石的残晶；滑石化强烈者，辉石全被滑石交代，仅保留辉石假象。滑石化主要发生于岩体的自变质阶段。古铜辉石或橄榄石蚀变为滑石的同时，亦常常伴随有微粒状磁铁矿析出。

(2)蛇纹石化和皂石化：主要发育在黑云角闪橄榄苏长岩和黑云角闪橄榄辉绿辉长岩中，遭受蛇纹石化、皂石化的矿物主要为橄榄石。显微镜下观察发现蛇纹石化有3种方式：一是橄榄石在自变质阶段被气液交代形成蛇纹石；二是蛇纹石沿微裂隙充填交代而成，三是蛇纹石与碳酸盐一起呈脉状分布于岩体裂隙中。蛇纹石的种属主要有叶蛇纹石和纤维蛇纹石，极少量为胶蛇纹石。蛇纹石化与皂石化往往相伴出现，橄榄石被蛇纹石或皂石交代，常沿橄榄石的不规则裂纹进行。交代作用弱的在橄榄石中形成网状细脉。交代作用强的橄榄石完全被它们替代，仅仅保留橄榄石假象。伴随蛇纹石化和皂石化的发育，往往有磁铁矿微粒析出。蛇纹石化和皂石化与岩体自变质阶段的气液活动密切相关。

(3)绿泥石化：绿泥石化是本矿常见的中低温交代蚀变，它发育于各类岩石中。最常见的绿泥石化是沿黑云母的不同部位进行交代，黑云母完全被交代后，绿泥石则保留黑云母假象。绿泥石交代角闪石和辉石等铁镁硅酸盐矿物的情况也较常见，也可出现交代假象。在熔离生成的金属硫化物集合体边缘，常发育绿泥石的毛边，绿泥石也常与石英、碳酸盐或金属硫化物一起呈细脉充填于岩石裂隙中。

(4)阳起石化：阳起石化是发育于岩体破碎带和岩石裂隙中的中低温交代蚀变，常与绿泥石相伴生，与金属硫化物一起分布。阳起石往往交代角闪石、辉石等铁镁硅酸盐矿物，此外还交代早期形成的交代蚀变矿物皂石、滑石及蛇纹石，并沿熔离生成的金属硫化物集合体边缘形成毛状环边。

(5)绢云母化：绢云母化是本岩体中普遍发育的低温热液交代蚀变；绢云母主要交代中酸性斜长石，这种交代常从斜长石中心开始，边缘有时会形成钠长石净边。

(6)钠黝帘石化：主要表现为黝帘石交代中基性斜长石，同时使斜长石发生钠长石化。共生蚀变矿物除黝帘石和钠长石外，还常常有少量方解石、绿泥石、绢云母和斜黝帘石等，这种交代作用往往是不完全的，原生矿物中基性斜长石仍被部分保留。

(7)碳酸盐化：主要表现为方解石脉穿切交代普通辉石、斜长石、角闪石等矿物，有的方解石呈细脉状充填于岩石中。该蚀变作用主要发育于断裂破碎带，分布较局限，属中低温热液交代蚀变。

(8)钠长石化：钠长石化是本岩体中普遍发育的蚀变类型，从橄榄苏长岩到闪长岩的各类岩石中均有发育。主要表现为两种形式：一种为细粒钠长石呈脉状交代原岩；另一种为钠长石沿斜长石边缘、解理及裂纹进行交代充填，结果在斜长石晶体中形成一些不规则状更钠长石。斜长石在黏土化与绢云母化和碳酸盐化过程中，由于钙的淋滤流失发生去钙长石化，可在斜长石边缘产生钠长石净边。

(9)葡萄石化：表现为葡萄石呈细粒状集合体与金属硫化物呈脉状充填于岩石裂隙中。

(10)硅化：表现为晚期石英与碳酸盐、蛇纹石等一起组成细脉沿岩体中的裂隙充填交代，伴随有极弱的磁黄铁矿化等。

3.3.3 岩石化学特征

喀拉通克含铜镍基性侵入体的岩石化学成分及主要岩石化学指数见表3－2。本区岩体的平均化学成分与黎彤等的中国基性岩浆岩平均化学成分和诺科斯(Nocklds S R)火成岩平均化学成分中的基性火成岩平均值比较，其突出特点是富氧化镁而贫氧化钙；其次是岩体的碱质($Na_2O + K_2O$)略高，三氧化二铝、氧化钛及二氧化硅均低于同类岩石平均值。本区岩体与国内主要含铜镍硫化物矿床的基性、超基性侵入体相比，与赤柏松、黄山东含铜镍的基性侵入体岩石化学成分近似，但仍具贫钙、富镁的特点；比白家嘴子、力马河、红旗岭等岩体偏中酸性。本区内几个岩体对比，则Y_1岩体明显的比Y_2、Y_3岩体偏基性，二氧化硅含量较低，氧化镁稍高；本区南岩带岩体明显比北岩带岩体偏中酸性，二氧化硅含量较高，氧化镁相对较低。本区主要岩体各岩相带岩石的镁铁比值(M/F)为0.31～0.77，属于铁质基性岩。在岩体的各类岩石的化学成分中，主要氧化物及各种指数的变化均呈现一定规律，显示了较好的重力分离作用特点。

对主要岩体各岩相带的55件岩石化学分析结果所作的全岩化学成分计算及各种氧化物之间变异关系的研究，表明有以下的特征：

1. 各岩相带主要氧化物含量变化特征

将Y_1、Y_2岩体中各岩相带岩石和全岩的主要氧化物的平均含量分别投影到氧化物含量变异曲线图中，如图3－3，图4－4所示。从这两图可知，Y_1和Y_2岩体自下部的橄榄苏长岩相至中部角闪苏长岩相到上部的闪长岩相，二氧化硅、三氧化二铝、氧化钙、氧化钠、氧化钾等逐渐增多，其中二氧化硅、三氧化二铝增加速度较快，氧化钙、氧化钠、氧化钾增加速度较慢；而对应的氧化镁、全铁含量呈现递减特征，且递减速度较快；这两组氧化物间呈明显的负消长关系。辉绿辉长岩中氧化物含量与对应岩体的平均成分相近。这种变异关系，比较直观地反映出岩体形成过程中，岩浆演化的方向是早期形成橄榄苏长岩，最后形成闪长岩，从化学成分特征上显示出了从富镁铁质逐步转化为富硅、铝、碱质；即由基性向中酸性方向转变，而作为岩体边部的辉绿辉长岩，由于岩浆冷凝快，岩浆未来得及分异，所以其化学成分与对应岩体的平均成分(未经演化前的成分)相近。

本区55件样品的硅酸盐全分析结果反映，本区的大部分岩石是属正常类型的。其中仅辉绿辉长岩的Al_2O_3含量确实过高，但这可能是由于岩体边缘部位遭到围岩混染作用的结果。因此，这些岩体在化学成分上还是属于正常类型的。

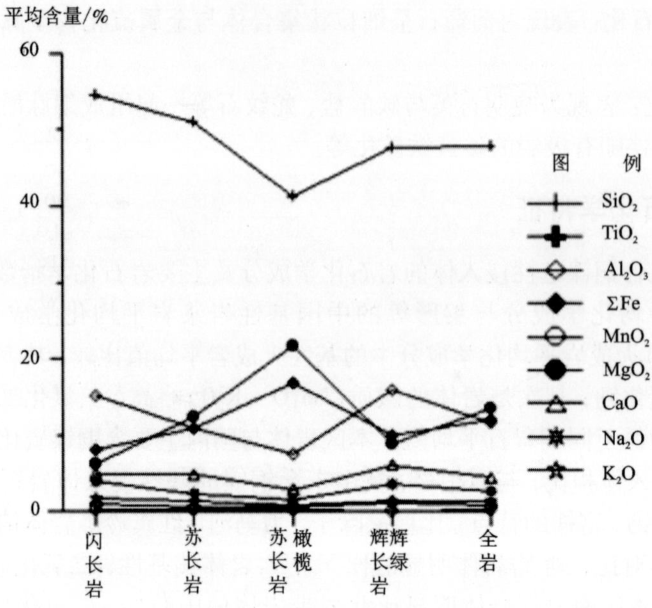

图 3-3 Y_1 岩体各岩相带岩石主要氧化物平均含量变异曲线图

本区主要岩体的岩石类型由橄榄苏长岩向闪长岩转变时，岩石成分中的铁镁质暗色矿物递减，而硅铝质浅色矿物递增，岩石成分由基性向中酸性方向演化。

2. CIPW 方法计算的结果

用 CIPW 方法计算的岩石标准矿物分子，是以橄榄石－紫苏辉石－透辉石－斜长石为主要组合的，闪长岩和少数苏长岩的标准矿物分子中，没有橄榄石(Ol)标准分子出现，而出现了石英(Q)标准分子；包括苏长岩、橄榄苏长岩和辉绿辉长岩在内的 11 件样品的标准矿物分子中出现了少量刚玉(C)分子；少数辉绿辉长岩和个别苏长岩、橄榄苏长岩样品中出现了少量的霞石(Ne)标准分子。各类型岩石标准矿物分子组合见表 3-2。

岩石标准矿物分子组合特征表明：在岩浆结晶作用的早期，岩浆中的 SiO_2 出现不饱和状态，因此形成橄榄石标准分子；随着岩浆结晶过程的进行，在晚期的残余熔浆中出现了过剩的 SiO_2，而形成石英标准分子；这与岩石实际矿物组合中，在岩体下部岩相带中含橄榄石而上部的闪长岩、苏长岩中含石英的情况相符合。这说明岩浆结晶早期成分处于贫 SiO_2 状态，形成了 SiO_2 不饱和矿物橄榄石，由于结晶分异作用使晚期熔浆 SiO_2 逐渐积累直至过饱和，因而形成石英。岩体中霞石标准分子的出现，说明岩浆结晶作用早期形成的岩石，化学成分上富碱而贫硅。部分刚玉标准分子的出现，不仅是岩浆中有过剩的 Al_2O_3，而且还因为岩石贫氧化钙，如样品 11、19、22、24、28 等，在计算中都有刚玉标准分子存在，但

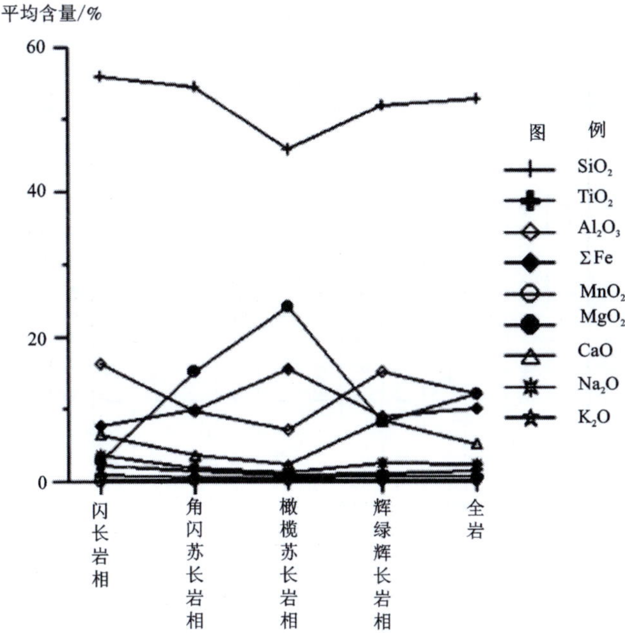

图3-4 Y_2 岩体各岩相带岩石主要氧化物平均含量变异曲线图

在岩石化学成分中 Al_2O_3 的含量并没有达到它们所在岩相带岩石样品的最高值；出现刚玉标准分子的主要原因是由于岩石贫氧化钙，在计算时，氧化钙首先要满足组成磷灰石和钙长石的需要，没有足够的氧化钙与三氧化二铝结合形成透辉石，因而造成刚玉标准分子的出现。

Y_1岩体的镁铁含量明显高于 Y_2 岩体，而其 SiO_2 含量明显低于 Y_2 岩体，$A1_2O_3$、CaO 含量也低于 Y_2 岩体，说明 Y_1岩体的基性程度明显较 Y_2 岩体和其他中基性岩体更高。

本区岩体属于正常类型的镁铁质侵入体，具有富镁铁，贫钙，略富碱，略贫硅、铝的特征。与国内含铜镍岩体比较，Y_1岩体不如力马河、白家嘴子岩体的基性程度高，与黄山东及赤柏松岩体成分相近。

岩体的含矿参数、镁铁比值、镁硅比值以及其酸度和碱钙富集度，都表明岩体属于含铜镍的基性岩体。岩体所含硫的丰度高(王润民，1991)，具备了与铜镍元素结合形成硫化物矿床的条件。

岩体内各种岩石化学成分的变化具有明显的规律性，显示成岩过程中进行了较好的分异演化，结晶分异作用的标志清楚。在岩石的构造环境图上，岩石的大多数投影点及本区岩体平均成分点均落在造山带或岛弧火山岩区，靠近稳定区的部位，表明岩体形成于比较活动的构造环境。

表 3－2　喀拉通克铜镍矿床含矿岩体岩石化学成分（%）和岩石化学参数表

序号	岩石类型	样品编号	SiO_2	TiO_2	Al_2O_3	Fe_2O_3	FeO	MnO	MgO	CaO	Na_2O	K_2O	P_2O_5	CO_2	H_2O^+
1	黑云闪长岩	BKH－15	54.90	1.20	16.10	1.52	6.28	0.07	4.50	5.40	4.82	2.10	0.66		
2		ID－086	54.89	0.67	12.33	1.58	6.94	0.20	9.99	4.58	2.28	1.67	0.53		
3		BAG－67	53.93	0.77	12.81	2.50	5.32	0.14	8.82	6.30	2.56	1.88	0.32		
4		BKH－17	53.64	1.09	16.16	2.06	6.82	0.29	4.88	5.15	3.76	2.85	0.60		
5		BAS－01	53.23	1.29	15.49	1.86	7.50	0.22	6.10	5.23	3.56	1.68	0.48		
6		BAG－22	53.15	1.05	17.02	1.62	6.30	0.13	5.28	6.00	3.37	1.75	0.51		
7	黑云角闪苏长岩	BAG－57	52.88	0.60	8.41	3.05	7.83	0.24	14.72	2.72	1.78	1.10	0.24		
8		BAG－56	52.71	0.57	8.11	2.86	8.33	0.22	16.50	2.90	1.52	1.17	0.23		
9		BKH－13	52.26	0.71	7.89	3.49	8.56	0.18	14.40	3.69	1.78	1.34	0.22		
10		BAG－58	51.44	0.59	8.51	3.18	8.13	0.21	16.10	2.94	1.64	1.22	0.29		
11		BAG－62	51.32	0.61	8.41	2.31	9.37	0.21	16.10	2.74	1.46	1.20	0.24		
12		R168－67	49.80	0.53	16.91	1.11	7.02	0.15	8.59	6.97	4.02	0.99	0.30		
13		BAG－55	48.69	0.56	9.01	2.92	7.16	0.21	11.75	7.10	1.82	1.78	0.23		
14		Ps－55	47.60	0.62	8.22	3.79	9.73	0.20	15.00	5.74	1.94	1.23	0.25		
15	黑云角闪橄榄苏长岩	O－15	42.95	0.67	7.91	4.18	11.91	0.33	21.44	3.48	1.76	0.92	0.44		
16		BAG－63	42.54	0.74	7.81	3.66	10.95	0.20	19.10	3.24	0.86	2.06	0.42		
17		Ps－60	42.46	0.74	7.35	4.15	11.80	0.24	22.43	3.28	1.67	0.96	0.31		
18		BAG－16	42.42	0.89	6.70	3.93	11.77	0.33	24.55	2.56	1.44	1.04	0.42		
19		BAG－151	42.31	0.81	8.40	3.93	11.80	0.20	20.93	2.92	1.50	0.86	0.44		
20		ID－498	42.00	0.82	7.07	4.03	11.58	0.26	23.41	2.64	1.75	1.14	0.37		

续表 3-2

序号	岩石类型	样品编号	SiO_2	TiO_2	Al_2O_3	Fe_2O_3	FeO	MnO	MgO	CaO	Na_2O	K_2O	P_2O_5	CO_2	H_2O^+
21	黑云角闪橄榄苏长岩	Ps-58	41.68	0.58	6.59	4.75	12.03	0.23	24.05	2.61	1.38	0.76	0.25		
22		BAG-60	40.35	0.65	6.66	4.07	13.64	0.17	22.50	2.32	1.06	0.64	0.27		
23		O-17	40.01	0.91	11.30	4.47	13.41	0.26	13.34	5.29	2.26	0.22	0.44		
24		BAG-152	39.87	0.67	7.71	4.27	14.29	0.22	21.46	2.77	1.22	0.60	0.39		
25		ID-494	39.56	0.59	6.21	3.22	15.35	0.25	23.34	2.39	2.89	1.06	0.42		
26		BAG-57	38.47	0.62	6.01	4.50	15.05	0.22	22.84	2.00	1.24	0.40	0.30		
27	辉绿辉长岩	ID-307	49.00	0.66	17.90	1.79	5.72	0.14	8.45	7.87	3.76	1.03	0.49		
28		BAS-06	48.44	1.59	17.13	1.65	7.56	0.16	6.33	5.23	4.48	1.36	0.76		
29		R160-253	48.34	1.20	17.95	2.97	6.14	0.14	6.34	7.17	4.57	1.84	0.51		
30		BAS-07	46.71	1.85	15.79	2.97	7.90	0.21	6.02	6.24	4.72	1.04	0.62		
31		BAG-155	48.37	0.91	19.66	1.66	5.64	0.12	6.75	6.98	3.98	1.58	0.38		
32		BAG-71	47.30	1.14	17.12	2.17	8.36	0.18	8.25	6.40	2.52	0.92	0.31		
33		BAG-64	46.40	1.00	11.21	3.51	8.90	0.17	14.32	4.35	2.31	1.74	0.50		
34		BAG-76	46.25	0.94	11.11	2.84	9.17	0.16	14.40	4.26	2.80	1.54	0.49		
35	绿泥石化苏长岩	Y1-16	50.23	1.43	17.29	2.60	6.57	0.15	5.93	7.13	4.02	1.67	0.56	0.21	1.91
36	苏长岩	Y1-46	52.17	0.92	15.78	2.10	8.33	0.12	4.41	6.63	3.80	2.00	0.46	0.19	2.57
37	闪长岩	Y1-33	58.21	0.73	15.95	1.00	5.60	0.16	4.27	2.17	7.84	0.56	0.35	0.77	2.10
38	角闪辉长岩	Y2-1	45.14	1.18	19.50	4.12	7.00	0.17	6.40	12.09	2.45	0.29	0.20	0.12	1.10
39	角闪橄榄苏长岩	K61-3	47.29	0.58	6.99	4.66	10.09	0 24	23.95	2.25	1.64	0.90	0.34	1.03	0.07
40		K214--58	44.30	0.57	7.28	7.07	9.36	0.24	24.25	2.48	1.14	0.84	0.26	1.58	0.02

续表 3 - 2

序号	岩石类型	样品编号	SiO_2	TiO_2	Al_2O_3	Fe_2O_3	FeO	MnO	MgO	CaO	Na_2O	K_2O	P_2O_5	CO_2	H_2O^+
41	角闪苏长岩	K202 - 1	53.45	0.42	7.90	4.63	6.62	0.27	18.75	3.48	1.50	1.10	0.17	0.72	0.01
42		K203 - 5	54.79	0.44	5.66	4.59	6.14	0.27	18.91	2.78	1.43	1.13	0.15	2.79	0.08
43		K233 - 1	53.49	0.52	8.60	2.98	7.22	0.24	17.78	3.39	1.65	1.20	0.21	1.68	0.11
44		K216 - 19	54.64	0.64	13.45	0.92	7.69	0.24	10.48	4.27	2.46	1.55	0.32	2.47	0.09
45		K204 - 6	56.01	0.60	12.65	2.82	5.68	0.18	10.25	4.41	2.68	2.14	0.27	1.72	0.01
46	角闪辉长岩	K218 - 9	55.94	0.70	13.27	2.45	5.64	0.17	8.98	6.02	2.72	1.58	0.33	2.10	0.01
47		K215 - 1	54.49	0.52	12.80	1.87	5.93	0.17	9.58	6.93	2.55	1.74	0.20	2.09	0.14
48	石英闪长岩	K216 - 8	55.69	0.96	16.26	1.78	6.49	0.12	3.17	6.74	3.60	1.85	0.66	1.75	0.10
49		K204 - 1	54.06	0.86	16.19	2.86	6.43	0.13	3.27	7.25	3.31	1.64	0.66	2.34	0.09
50		K216 - 3	58.28	0.78	16.59	1.04	4.50	0.13	2.08	5.52	4.00	3.42	0.32	2.33	0.07
51	Y1 岩体岩石平均成分		47.74	0.86	11.68	2.93	9.16	0.20	13.45	4.52	2.71	1.29	0.41	0.39	2.19
52	Y2 岩体岩石平均成分		52.89	0.67	12.09	3.21	6.83	0.20	12.14	5.20	2.39	1.49	0.31	1.75	0.15
53	绿泥石化闪长岩	Y7 - 1	55.52	0.58	19.94	3.90	2.73	0.10	2.80	6.76	4.26	0.77	0.20	0.05	2.12
54	绿泥石化辉长岩	Y7 - 2	51.01	0.77	18.23	4.37	4.62	0.19	4.03	9.91	3.23	0.79	0.26	0.07	2.14
55	绿泥石化闪长岩	Y9 - 1	67.87	0.55	14.01	0.95	3.63	0.08	1.59	1.24	4.68	2.90	0.21	0.14	1.84
56	炭化闪长玢岩	Y9 - 2	52.10	1.42	16.07	6.57	3.50	0.14	3.98	6.38	4.10	2.62	0.95	0.37	1.51
57	辉长岩	Y11 - 1	47.19	0.78	13.65	3.17	5.90	0.14	11.04	11.48	1.22	1.26	0.21	0.12	3.48
58	花岗岩	1016 - 6	71.88	0.29	12.99	0.94	1.53	0.06	1.11	1.50	3.99	3.55	0.06	0.56	1.30

表中 1 ~ 34 和 39 ~ 50 原始数据分别引自王润民(1991)和冉红彦(1994)，其余由宜昌所分析。

续表3-2

序号	Q	Or	Ab	An	C	Ne	Di	Ol	Hy	Ilm	Mt	Ap	σ	AR	DI	SI	FL	MF	LI	OX	M/F
1	0	12.75	41.89	16.53	0	0	5.74	0.20	16.81	2.34	2.26	1.48	3.8	1.9	54.5	23.4	56.2	63.4	-1.5	0.8	0.5
2	7.57	10.32	20.17	19.31	0	0	0.95	0	36.74	1.33	2.39	1.21	1.2	1.6	38.1	44.5	46.3	46.0	-8.4	0.8	0.6
3	5.70	11.65	22.72	18.78	0	0	9.61	0	25.46	1.53	3.80	0.73	1.6	1.6	40.1	41.8	41.3	47.0	-5.8	0.7	0.7
4	0.43	17.31	32.70	19.32	0	0	2.72	0	20.98	2.13	3.07	1.35	3.8	1.9	50.4	24.0	56.2	64.5	-2.6	0.8	0.4
5	2.70	10.27	31.17	22.07	0	0	1.52	0	25.85	2.54	2.79	1.09	2.4	1.7	44.1	29.5	50.0	60.5	-6.6	0.8	0.5
6	3.72	10.75	29.65	27.18	0	0	0.53	0	22.50	2.07	2.44	1.16	2.3	1.6	44.1	28.8	46.0	60.0	-4.1	0.8	0.5
7	6.50	6.95	16.10	12.51	0	0	0.32	0	51.12	1.22	4.73	0.56	0.7	1.7	29.5	51.7	51.4	42.5	-14.8	0.7	0.6
8	3.97	7.27	13.52	12.46	0	0	1.00	0	55.76	1.14	4.36	0.53	0.6	1.6	24.8	54.3	48.1	40.4	-17.6	0.7	0.7
9	4.34	8.38	15.93	10.14	0	0	6.30	0	47.62	1.43	5.35	0.51	0.9	1.7	28.7	48.7	45.8	45.6	-16.7	0.7	0.6
10	2.62	7.65	14.72	13.00	0	0	0.53	0	54.72	1.19	4.89	0.67	0.8	1.7	25.0	53.2	49.3	41.3	-17.3	0.7	0.7
11	2.43	7.55	13.15	12.96	0.26	0	0	0	58.29	1.23	3.56	0.56	0.7	1.6	23.1	52.9	49.3	42.0	-19.7	0.8	0.6
12	0	6.81	39.57	29.27	0	0	7.21	12.12	1.21	1.17	1.87	0.76	3.1	1.5	41.4	39.5	41.8	48.6	-11.9	0.9	0.6
13	0	11.63	17.02	12.33	0	0	20.14	0.85	31.63	1.18	4.68	0.55	1.5	1.6	28.4	46.2	33.6	46.2	-16.1	0.7	0.7
14	0	8.30	18.72	11.51	0	0	15.51	7.61	30.12	1.35	6.27	0.62	1.5	1.6	25.1	47.3	35.6	47.4	-23.7	0.7	0.7
15	0	7.25	19.86	14.63	0	0	3.97	28.07	15.14	1.70	8.08	1.28	4.5	1.6	21.2	53.3	43.5	42.9	-34.0	0.7	0.6
16	0	15.86	9.49	14.81	0	0	2.34	19.35	28.23	1.83	6.91	1.19	2.9	1.7	21.2	52.1	47.4	43.3	-29.6	0.7	0.6
17	0	7.77	19.33	13.30	0	0	5.17	30.51	12.83	1.92	8.24	0.93	5.0	1.7	20.8	54.7	44.5	41.6	-34.9	0.7	0.7
18	0	8.48	16.81	12.07	0	0	1.63	32.45	17.13	2.33	7.85	1.27	5.7	1.7	19.1	57.5	49.2	39.0	-36.0	0.8	0.7
19	0	6.67	16.65	15.60	0.84	0	0	23.46	26.01	2.01	7.48	1.26	3.2	1.5	18.9	53.6	44.7	42.9	-33.5	0.8	0.6
20	0	9.54	20.97	11.43	0	0	3.23	34.63	8.58	2.21	8.28	1.14	7.8	1.8	22.7	55.9	52.3	40.0	-34.9	0.7	0.7

续表 3 - 2

序号	Q	Or	Ab	An	C	Ne	Di	Ol	Hy	Ilm	Mt	Ap	σ	AR	DI	SI	FL	MF	LI	OX	M/F
21	0	6.19	16.10	13.15	0	0	2.13	30.89	19.75	1.52	9.50	0.76	5.6	1.6	17.0	56.0	45.1	41.1	-37.0	0.7	0.7
22	0	5.24	12.41	13.74	0.82	0	0	27.84	29.26	1.71	8.17	0.82	4.8	1.5	13.8	53.7	42.3	44.0	-39.9	0.8	0.6
23	0	1.72	25.37	26.58	0	0	3.90	21.91	8.36	2.29	8.59	1.28	13.7	1.4	22.2	39.6	31.9	57.3	-33.5	0.8	0.5
24	0	4.91	14.31	15.88	1.19	0	0	29.63	22.53	1.76	8.58	1.18	-11.0	1.4	14.8	51.3	39.7	46.4	-40.3	0.8	0.6
25	0	6.57	8.42	0.88	0	9.35	7.23	60.51	0	1.18	4.90	0.96	-11.6	2.7	24.3	50.9	62.3	44.3	-42.9	0.8	0.6
26	0	3.49	15.49	12.04	0.81	0	0	35.30	20.52	1.73	9.63	0.97	-3.1	1.5	14.0	51.9	45.1	46.1	-44.1	0.8	0.6
27	0	6.96	36.35	33.04	0	0	6.65	10.62	0.76	1.43	2.96	1.23	3.2	1.5	39.2	40.7	37.8	47.1	-10.3	0.8	0.6
28	0	9.31	43.88	24.86	0.48	0	0	9.61	3.68	3.50	2.77	1.92	4.7	1.7	48.5	29.6	52.8	59.3	-9.1	0.8	0.5
29	0	11.19	29.32	23.70	0	5.67	7.93	14.26	0	2.35	4.43	1.15	6.4	1.7	46.2	29.0	47.2	59.0	-7.6	0.7	0.6
30	0	6.53	37.29	20.01	0	2.80	7.35	16.26	0	3.73	4.58	1.44	5.6	1.7	46.6	26.6	48.0	64.4	-11.6	0.7	0.5
31	0	9.72	31.74	32.40	0	1.80	1.08	18.09	0	1.80	2.51	0.86	4.5	1.5	43.3	34.4	44.3	52.0	-7.1	0.8	0.6
32	0	5.87	23.03	32.32	1.09	0	0	2.26	28.94	2.34	3.40	0.74	1.9	1.3	28.3	37.1	35.0	56.1	-14.8	0.8	0.5
33	0	12.18	23.16	17.87	0	0	3.38	11.88	21.95	2.25	6.03	1.30	3.0	1.7	31.6	46.5	48.2	46.4	-19.6	0.7	0.6
34	0	11.26	29.32	16.33	0	0	5.02	16.25	13.18	2.21	5.09	1.33	3.4	1.8	34.9	46.8	50.5	45.5	-20.5	0.8	0.6
35	0	9.90	34.12	24.27	0	0	6.41	5.44	4.56	2.72	3.78	1.23	4.41	1.61	44.02	28.52	44.38	60.73	-7.30	0.72	0.55
36	0	11.88	32.32	20.20	0	0	8.43	0.86	16.85	1.76	3.06	1.01	3.60	1.70	44.20	21.37	46.66	70.28	-7.64	0.80	0.38
37	0	3.32	66.53	6.69	0	0	1.67	4.28	6.73	1.39	1.45	0.77	4.62	2.73	69.85	22.16	79.47	60.72	2.73	0.85	0.44
38	0	1.72	20.16	41.45	0	0.34	14.15	12.29	0	2.25	5.99	0.44	3.36	1.19	22.21	31.59	18.48	63.47	-16.66	0.63	0.60
39	0	5.32	13.87	9.05	0	0	0.09	14.74	32.50	1.10	6.75	0.74	1.51	1.76	19.19	58.08	53.03	38.11	-28.94	0.68	0.69
40	0	4.99	9.71	10.84	0.55	0	0	14.02	32.29	1.09	10.31	0.57	2.53	1.51	14.70	56.85	44.40	40.39	-29.33	0.57	0.70

续表 3-2

序号	Q	Or	Ab	An	C	Ne	Di	Ol	Hy	Ilm	Mt	Ap	σ	AR	DI	SI	FL	MF	LI	OX	M/F
41	2.87	6.56	12.82	11.69	0	0	3.75	0	53.61	0.81	6.78	0.38	0.63	1.59	22.26	57.52	42.76	37.50	-16.32	0.59	0.74
42	6.69	6.73	12.20	5.74	0	0	5.76	0	52.10	0.84	6.71	0.33	0.54	1.87	25.63	58.73	47.94	36.20	-14.35	0.57	0.77
43	2.02	7.16	14.09	12.63	0	0	2.46	0	54.01	1.00	4.36	0.46	0.75	1.62	23.27	57.67	45.67	36.46	-16.25	0.71	0.71
44	4.67	9.23	20.98	19.45	0.66	0	0	0	39.16	1.22	1.34	0.70	1.35	1.59	34.88	45.37	48.43	45.10	-9.92	0.89	0.56
45	5.72	12.72	22.81	16.26	0	0	3.31	0	31.58	1.15	4.11	0.59	1.76	1.79	41.25	43.49	52.22	45.33	-4.85	0.67	0.66
46	7.07	9.35	23.04	19.35	0	0	6.89	0	26.58	1.33	3.56	0.72	1.43	1.57	39.46	42.02	41.67	47.39	-5.66	0.70	0.66
47	3.61	10.39	21.79	18.52	0	0	12.06	0	27.20	1.00	2.74	0.44	1.56	1.56	35.79	44.21	38.24	44.88	-8.12	0.76	0.70
48	7.58	11.02	30.72	22.93	0	0	5.71	0	14.28	1.84	2.60	1.45	2.30	1.62	49.32	18.77	44.71	72.29	-1.96	0.79	0.37
49	7.75	9.78	28.27	24.70	0	0	6.36	0	13.41	1.65	4.19	1.46	2.16	1.54	45.79	18.68	40.57	73.97	-3.24	0.69	0.38
50	6.77	20.40	34.17	17.37	0	0	6.97	0	8.17	1.50	1.52	0.71	3.54	2.01	61.34	13.83	57.34	72.70	6.63	0.81	0.39
51	0	7.80	23.51	16.30	0	0	3.40	9.07	21.23	1.67	4.36	0.92	2.83	1.66	31.33	45.53	46.95	47.34	-18.84	0.76	0.60
52	2.00	8.87	20.36	17.98	0	0	4.92	0	37.31	1.28	4.69	0.68	1.49	1.58	31.23	46.59	42.73	45.27	-11.48	0.68	0.66
53	9.20	4.56	36.14	32.45	0.24	0	0	0	8.01	1.10	5.67	0.44	2.01	1.46	49.91	19.36	42.66	70.31	4.44	0.41	0.52
54	4.01	4.69	27.44	33.04	0	0	11.89	0	8.32	1.47	6.36	0.57	1.99	1.33	36.13	23.65	28.86	69.05	-5.13	0.51	0.62
55	22.79	17.19	39.72	4.93	1.37	0	0	0	9.11	1.05	1.38	0.46	2.31	2.98	79.71	11.56	85.94	74.23	15.77	0.79	0.31
56	2.85	15.53	34.79	17.76	0	0	6.53	0	6.92	2.70	7.64	2.08	4.91	1.85	53.17	19.16	51.30	71.67	2.85	0.35	0.65
57	0	7.47	10.36	28.15	0	0	22.14	3.22	15.27	1.49	4.61	0.46	1.42	1.22	17.83	48.87	17.77	45.10	-16.94	0.65	0.85
58	29.69	21.03	33.84	7.07	0	0	0.03	0	4.42	0.55	1.37	0.13	1.97	3.17	84.56	9.98	83.41	68.99	21.99	0.62	0.43

3.4 中基性岩体的成岩条件

3.4.1 岩体的形成温度

1. 橄榄石的结晶温度

从组成 Y_1 岩体的各个岩相特征表明，橄榄苏长岩是岩浆分异演化最早期形成的岩石，其中发育的包橄结构显示，橄榄石被包嵌在古铜辉石、角闪石等矿物的大晶体中，部分橄榄石还与古铜辉石之间存在互相穿插生长关系，可以说明橄榄石是岩浆中结晶最早的矿物，且部分与古铜辉石处于平衡结晶阶段；据此，可以用橄榄石开始结晶的温度，代替岩浆冷凝结晶的上限温度。

表 3-3 橄榄石的结晶温度(T)表

样号	X_{Mg}	X_{Fe}	$X_{F^{\circ}}$	X_{Fa}	T/℃
ID-494	0.7304	0.2696	0.7479	0.2521	1408
ID-498	0.7827	0.2173	0.7791	0.2209	1418
ID-185	0.7743	0.2257	0.7712	0.2288	1415
ID-495	0.6868	0.3192	0.6776	0.3224	1419
ST-3	0.7740	0.2260	0.7735	0.2265	1422
ST-4	0.7885	0.2115	0.2121	0.2121	1421

表中原始数据引自王润民等[17]，据夏林圻：$T=(11.253-\ln(X_{F^{\circ}}/X_{Fa})/(X_{Mg}/X_{Fe}))\times 10^4/66.388$ 计算。

采用的镁铁质岩石中橄榄石形成温度的计算公式，计算结果见表 3-3，橄榄石的形成温度为 1408℃ ~1422℃，表明岩浆开始结晶的温度在 1400℃左右。

2. 橄榄石与古铜辉石共结温度

随着橄榄石的结晶析出，岩浆温度下降，当温度降至橄榄石与古铜辉石的平衡结晶温度时，古铜辉石开始结晶析出，此时可采用哈克利-瑞特提出的“Ni 在橄榄石和古铜辉石中分配的地质温度计”来计算当时的温度，哈克利-瑞特在实验室基础上根据热力学原理推算的结晶温度计算公式为：

$$\ln K_D = -16.8/1.987T\times 10^{-3} + 7.65$$

式中，K_D 为 Ni 在橄榄石和古铜辉石中的分配系数，T 的计算式见表 3-3 表下注。

计算结果见表 3-4。橄榄石与古铜辉石两相平衡的温度为 1175 ~927℃。该温度基本代表橄榄石结晶的下限温度，同时也说明古铜辉石开始结晶的温度为 1100℃左右。

表3-4　橄榄石-古铜辉石共结温度

样号	橄榄石中镍含量 /(μg·g^{-1})	古铜辉石中镍含量 /(μg·g^{-1})	共结温度/℃
ID-470	86	24	1053.5
ID-471	71	39	927.0
ID-479	63	24	991.8
ID-495	84	24	1071.0
ID-498	94	31	1019.0
ST-4	251	41	1175.1
ST-5	117	61	931.1

表中原始数据引自王润民等[17]。

3. 单斜辉石的结晶温度

采用邓晋福用数理统计方法得出的辉石形成温度的回归方程，可得：

$T(℃)=2258.55-27.217[\omega(Ca)/\omega(Ca+Mg+Fe)]\times100$

计算得出本区 Y_1 岩体单斜辉石的结晶温度为1081～1187℃，这一温度范围与古铜辉石结晶温度相近，从本区岩石的结构特征(辉石与斜长石组成辉绿辉长结构，辉石与斜长石基本同时结晶)判断，斜长石的结晶温度也应在1100℃左右。

根据上述几种地质温度计的计算结果，结合岩石中主要矿物结晶温度的变化特征与岩石的结晶特征，可以认为成岩的温度在1400～900℃之间。

3.4.2　岩体的成岩压力

根据本区岩体中的矿物共生组合特征可判断成岩压力。橄榄苏长岩的主要矿物共生组合为：橄榄石-古铜辉石-普通辉石-斜长石，存在有如下两个反应方程：

$Mg_2SiO_4(F^\circ)+SiO_2(Gl)══2MgSiO_3(En)$

$CaAl_2SiO_3(Cpx)+SiO_2(Gl)══CaAl_2Si_2O_5(An)$

利用上两式平衡时，二氧化硅的活度相同，橄榄石与古铜辉石平衡结晶温度为1344℃，求出上述反应方程中各成分的活度，最后计算得出岩体的成岩压力为 7092×10^5Pa。该压力值显然偏高，只能作为成岩压力上限的参考值。

3.4.3　成岩作用的氧逸度

在同一地质相中，铕的两种价态 Eu^{+2} 与 Eu^{+3} 的浓度比，可以反映岩石形成时的氧化-还原条件，实验表明铕在斜长石和熔体间的分配表现为温度和氧逸度的函数。Ching-Ohsun 利用洋脊玄武岩样品，在实验室系统测定了不同温度条件和各种氧分压条件下，斜长石和熔体间铕的分配系数，提出了斜长石和熔体间铕分配系数的氧逸度计算公式：

$$\lg f_{O_2} = 2460/T - \lg K_{\mathrm{D\,eu(Pl/L)}} - 3.87/0.15$$

王润民等利用郝梓国的资料：橄榄苏长岩中 $K_{\mathrm{D\,eu(Pl/L)}}$ 值为0.78/1.24，设斜长石结晶温度 $T = 1300$ K。计算得 $f_{O_2} = 7.59 \times 10^{-11}$。

估计岩体形成时的氧逸度在 7.59×10^{-11} 左右；表明岩体的形成环境是比较还原的环境。

第 4 章　喀拉通克矿床地质特征

目前已探明喀拉通克铜镍矿床包括一个大型、两个中型和四个小型铜镍矿床，这些矿床均为与喀拉通克基性岩体有关的岩浆型铜镍硫化物矿床。

4.1　矿体形态产状特征

喀拉通克 Y_1 镁铁质岩体已探明为大型铜镍矿床，富集成工业矿体的部分占岩体总体积的 40% 左右；工业矿化仅局限于岩体范围内，且主要分布在海拔 500 ~1000 m 标高的岩体中下部，赋存在橄榄苏长岩相、苏长岩相及少量橄榄辉绿辉长岩相中（图 4 - 1，图 4 - 2）。矿体形态与岩体基本一致，呈埋深不大的环带状分布，根据工业品位高低和不同的矿石类型，该矿体进一步可划分出 23 个分矿体。Y_1 矿体在纵投影图上呈不规则的透镜体状，在地表 32 ~ 42 号勘探线之间有铁帽露头，向南东方向深部倾伏延伸；在横剖面上呈巢状或囊状，向北东方向倾斜，倾角较陡，矿体下部主要由浸染状矿石和致密块状原生硫化物矿石组成。浸染状矿体与围岩之间呈过渡关系，致密块状矿体分布于浸染状矿体内部，且两者存在明显的界面。

Y_2 矿体在靠近 Y_1 岩体的 4 ~ 11 号勘探线之间，由于岩体各岩相带呈环状特征，矿体在纵剖面上呈巢状，横剖面上呈钩状赋存于岩体下部的橄榄苏长岩和苏长岩中，矿体中部为致密块状特富矿，向外品位逐步降低为浸染状贫矿，这部分矿体与 Y_1 矿体特征基本相同；向东深部岩相呈垂直分带，矿体由浸染状矿石组成，与岩体呈渐变关系，两者产状一致，呈船形产出于岩体底部的橄榄苏长岩和辉长苏长岩中，矿体长 1000 余米，中部最厚达 100 余米。Y_2 矿体储量达到中型。

Y_3 矿体分布在 Y_3 岩体中，其岩相呈垂直分带，矿体与岩体呈渐变关系，两者产状一致，呈似层状产出于岩体底部的橄榄苏长岩和苏长岩中，矿体长1050 m，厚约 20 m。该矿床主要由浸染状矿石组成，其矿体特征与 Y_2 东部矿体特征相同。

4.2　矿石类型

喀拉通克的铜镍硫化物矿石按自然类型可划分为：氧化矿石和原生硫化物矿石。

氧化矿石的数量很少，仅见于 Y_1 岩体北西端地表附近，主要呈蜂窝状、角砾状、土状。

原生矿石按矿石品位和构造特征可分为致密块状矿石、稠密浸染状矿石、稀疏浸染状矿石等类型。其中 Y_1矿体和 Y_2 西部矿体的矿石类型在平面上或剖面上常成环带状分布：一般情况下，致密块状矿石居中，向外依次为稠密浸染状矿石、稀疏浸染状矿石。致密块状矿石与稠密浸染状矿石之间，一般界线明显，而各类浸染状矿石之间以及它们与围岩之间则往往呈渐变过渡关系。但是，也可见到致密块状矿石与稀疏浸染状矿石，甚至与围岩直接相接触的现象。Y_2 东部矿体和 Y_3 矿体呈层状、似层状，由浸染状矿石构成。致密块状矿石可分为致密块状特富铜镍矿石、致密块状高铜特富矿石两种。

1)稀疏浸染状贫矿石

该类矿石主要呈环带状分布于稠密浸染状富矿石的外围，个别成为独立的巢状上悬式矿体，它们与围岩均呈渐变关系。该类矿石成分复杂，金属矿物约 30 种，主要有磁黄铁矿、黄铜矿、磁铁矿、镍黄铁矿等；非金属矿物有 24 种，主要有拉长石、贵橄榄石、古铜辉石、黑云母、角闪石和滑石等。其中，金属硫化物含量为 5% ~ 10%；矿石的平均品位：铜 0.51%、镍 0.38%，矿石相对密度为 3.1 t/m^3。本类矿石的矿石量占 Y_1岩体总矿石量的 64.4%，而铜镍金属量仅占总金属量的 32%。

2)稠密浸染状富矿石

该类矿石主要呈环带状分布于致密块状特富矿石的周边，也有少数呈规模不大的透镜体或单脉独立产出。矿石中金属矿物和非金属矿物各有 20 余种，主要金属矿物有磁黄铁矿、黄铜矿、黄铁矿、磁铁矿、镍黄铁矿等；主要非金属矿物有拉长石、贵橄榄石、古铜辉石、滑石、阳起石、黑云母、绿泥石和角闪石等。其中，金属硫化物含量达 20% ~30%；矿石的平均品位：铜 1.15%、镍 0.87%，矿石相对密度为 3.2t/m^3。这类矿石中的金属硫化物总量可达 50% ~60%，铜、镍平均品位均超过 1%。稠密浸染状矿石的矿石量占 Y_1岩体总矿石量的 27.3%，而铜、镍金属量分别占总金属量的 33% 和 29%。

3)致密块状特富矿

该类矿石主要存在于 Y_1岩体的中下部，赋存于各类浸染状矿石的中心，但与浸染状矿石呈突变接触；是本区最重要的矿石类型。其外观上几乎全部由金属矿物构成，显微镜下鉴定结果显示，该类矿石中金属矿物含量达 95% 以上，主要金属矿物有磁黄铁矿、黄铜矿、镍黄铁矿、磁铁矿、黄铁矿等；非金属矿物含量很少，主要有碳酸盐、阳起石、黑云母、绿泥石等。矿石中镍的品位为 3.1% ~4.55%，平均品位为 3.53%；而铜的品位变化较大，可达 2.12% ~9.73%，平均品位为 6.11%。另外，矿石中金、银、铂、钯、硒和碲等元素的含量均达到了综合利用的伴生工业指标的要求，矿石相对密度为 4.6t/m^3。这类矿石可直接破碎入炉冶炼，具有极高的工业价值。该类矿石虽然仅占 Y_1岩体总矿石量的 7.6%，而铜镍金属量却占总金属量的三分之一以上，其中铜金属量占 39%，镍金属量占 37%。

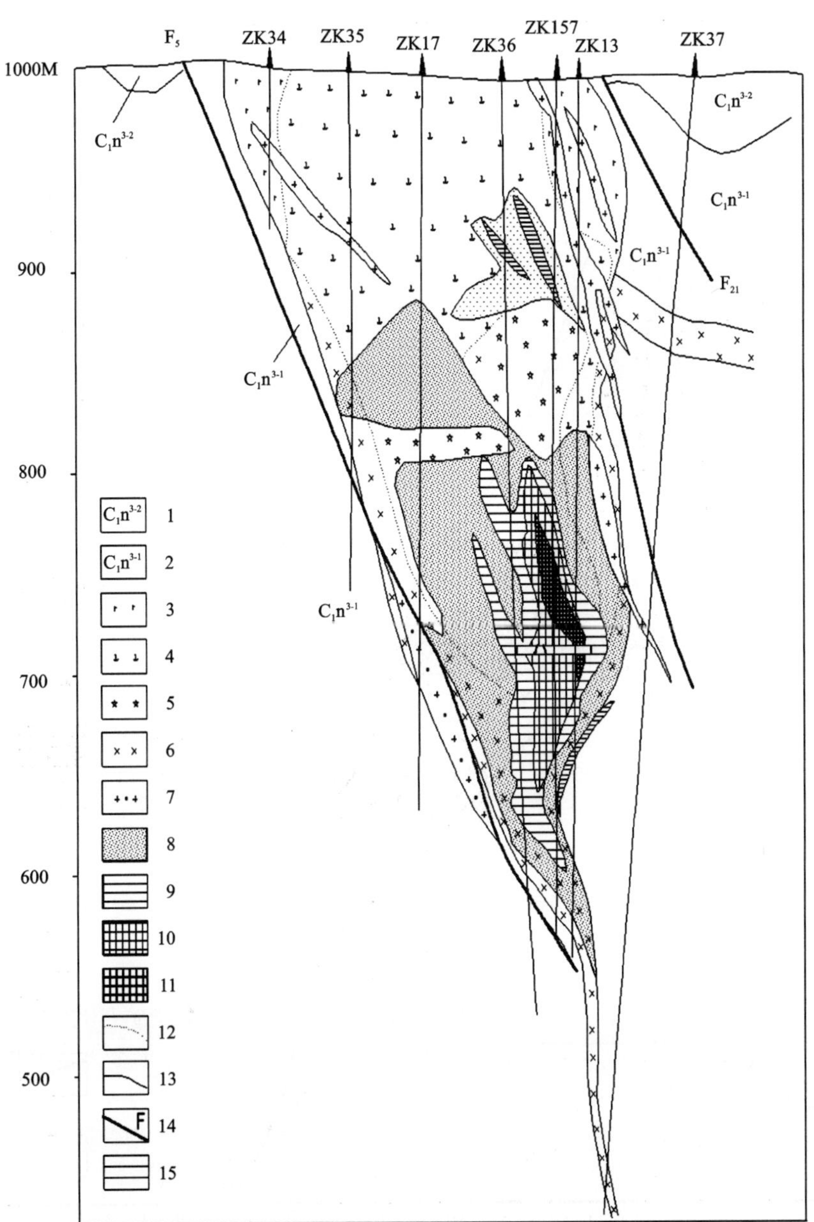

图 4－1　Y_1 岩体矿体在 28 号勘探线上的剖面图

1—灰白色泥质板岩、含屑沉凝灰岩；2—含屑沉凝灰岩和含碳质凝灰质泥板岩；3—黑云闪长岩；4—黑云角闪苏长岩；5—黑云角闪橄榄苏长岩；6—黑云角闪辉绿辉长岩；7—石英斑岩；8—稀疏浸染状贫矿；9—中等－稠密浸染状富矿；10—致密块状特富铜镍矿；11—致密块状高铜特富矿；12—岩相界线；13—地质界线；14—断裂位置及编号；15—710 中段沿脉、穿脉位置

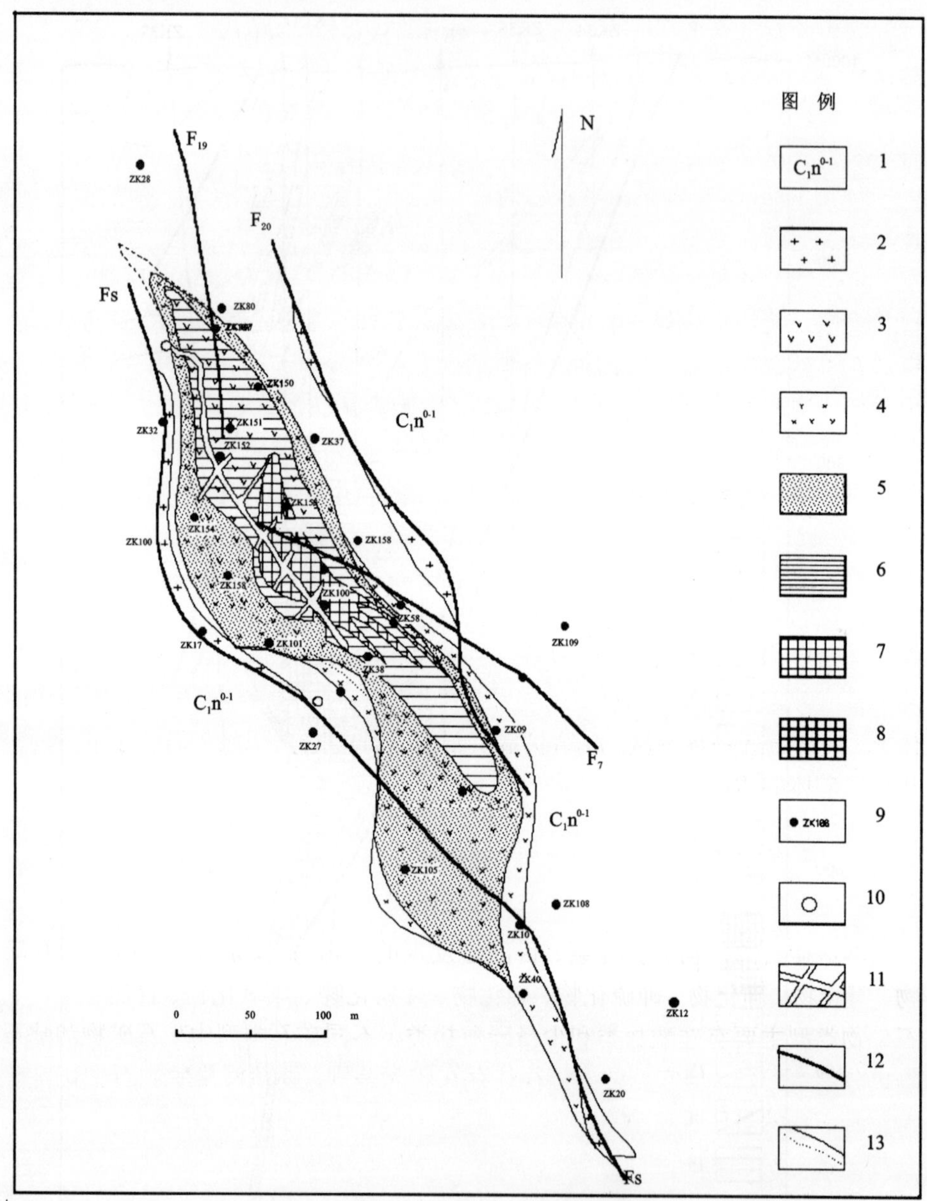

图 4-2 710 中段 Y_1 矿床地质平面图

1—含屑沉凝灰岩和含碳质凝灰质泥板岩；2—石英斑岩；3—黑云角闪橄榄苏长岩；4—黑云角闪辉绿辉长岩；5—稀疏浸染状贫矿；6—中等-稠密浸染状富矿；7—致密块状特富铜镍矿；8—致密块状高铜特富矿；9—钻孔位置及编号；10—竖井位置；11—沿脉、穿脉位置；12—断裂位置及编号；13—地质界线及岩相界线

4) 致密块状高铜特富矿石

该类矿石分布于 28 ~ 30 号勘探线附近的 650 ~ 800 m 高程之间，在致密块状特富矿体上部，两者之间为渐变关系。该类矿石中金属矿物含量进一步增高到 98% 以上，主要金属矿物有黄铜矿、磁黄铁矿、镍黄铁矿、磁铁矿、黄铁矿等；非金属矿物含量降低至 2% 以下。该类矿石中黄铜矿平均含量为 46.9%；矿石相对密度达 4.3t/m^3。特别是该类矿石中金、银、铂、钯、硒和碲等元素的含量更高，这些元素的峰值品位均出现在该类矿石分布的地段。这类矿石可直接破碎入炉冶炼，同样具有极高价值。

致密块状特富矿与致密块状高铜特富矿石均含有少量拉长石、贵橄榄石、古铜辉石等硅酸盐造岩矿物，这两类矿石与各类浸染状矿石之间为突变接触关系，说明形成这两类矿石的成矿流体具有明显的矿浆性质；这种深部熔离形成的矿浆，沿早期的岩浆构造通道在 Y_1 岩体中定位成矿；而浸染状矿体是早期侵位的含矿岩浆就地熔离聚集形成的。致密块状高铜特富矿是矿浆在相对氧化环境下，逐步演化形成的。

除上述主要矿石类型外，还有脉状和块状特富矿石、细脉 - 网脉状矿石和胶结状富矿石。脉状和块状特富矿石是致密块状特富矿石的一种，是矿浆沿构造裂隙贯入呈脉状产出的，其矿物成分与致密块状特富矿石一致；细脉 - 网脉状矿石主要是岩浆期后热液作用形成的细脉、网脉状矿石，它往往叠加在先前形成的矿体上，使矿石进一步变富；胶结状富矿石是一种构造角砾状矿石，分布于致密块状特富矿体的边部。

4.3　矿石矿物成分

本区矿石的矿物成分复杂，目前已发现的矿物有 70 余种，矿物类型有硫化物、氧化物、砷化物、砷硫化物、碲化物、碲铋化物、氢氧化物、自然金属等；脉石矿物类型主要有硅酸盐类和少量碳酸盐类。不同矿石类型中矿石矿物和脉石矿物成分基本一致，但它们的含量往往存在较大差别：稀疏浸染状矿石中矿石矿物与脉石矿物两者的比值为 0.143，中等浸染状矿石中两者的比值为 0.333，稠密浸染状矿石中两者的比值为 1.222，致密块状矿石中两者的比值为 27.57。

4.3.1　矿石矿物

本区矿石矿物有 50 余种，主要金属矿物有磁黄铁矿、黄铜矿、镍黄铁矿、磁铁矿、黄铁矿、紫硫镍矿和钛铁矿等；主要贵金属矿物有碲镍铂钯矿、等轴铋碲钯矿、铋碲钯矿、碲银矿、银金矿、银镍黄铁矿、碲铋矿、碲铋银矿、碲镍矿、自然银等。现将各主要金属矿物的特征分述如下（其中的电子探针分析结果引自王润民[17]）：

(1)磁黄铁矿：是本区各类型矿石中最主要的矿石矿物，主要呈他形粒状晶，少量半自形晶；粒度大小不等，多为0.1~1.5 mm，最大可达10 mm；以细粒和微细粒为主，少量中粒，呈单粒或集合体浸染状分布。在浸染状矿石和致密块状矿石中，部分磁黄铁矿晶粒中有具固溶体分离结构的镍黄铁矿和方黄铜矿呈不混溶连晶出现；磁黄铁矿常被黄铜矿、黄铁矿等矿物交代，特别是在致密块状高铜矿石中，交代十分强烈。

49个磁黄铁矿的电子探针分析结果平均含量为：Fe 60.34%，Ni 0.37%，Co 0.09%，Cu 0.13%，S 38.71%。

显微镜下磁黄铁矿呈粉红棕色，双反射和非均质性明显；细脉浸染状矿石中的磁黄铁矿反射率高于致密块状特富矿石中磁黄铁矿的反射率。

(2)黄铜矿：是本区各类型矿石中最主要的有用金属矿物，主要呈他形粒状晶，粒度大小不等，以细粒和微细粒为主，少量中粒，其在块状的高铜特富矿中颗粒最粗，而在胶结状矿石中颗粒最细；部分黄铜矿晶粒中有具有固溶体分离结构的镍黄铁矿、方黄铜矿和磁黄铁矿，呈不混溶连晶出现。黄铜矿往往交代磁黄铁矿，并被后期的黄铁矿等硫化物交代。

43个黄铜矿的电子探针分析结果平均含量为：Cu 35.03%，Fe 30.55%，Ni 0.15%，Co 0.09%，S 33.63%。

显微镜下黄铜矿呈黄色，弱非均质性；细脉浸染状矿石中的黄铜矿反射率高于致密块状特富矿石中的黄铜矿的反射率。

(3)镍黄铁矿：是矿石的主要的有用金属矿物之一，为镍的最主要工业矿物，赋存于各类矿石中。浸染状矿石和块状矿石中的镍黄铁矿，以半自形晶为主，他形晶次之，颗粒大小不等，多为0.2~0.5 mm，少数可达2.5 mm。细脉浸染状矿石中的镍黄铁矿主要呈他形晶，粒度相对较细，多为0.01~0.3 mm；镍黄铁矿在胶结状矿石中的粒度最细，多为0.01~0.2 mm。在浸染状矿石和致密块状矿石中，部分镍黄铁矿与磁黄铁矿、黄铁矿、黄铜矿和四方硫铁矿等构成固溶体分离结构，镍黄铁矿常被紫硫镍矿、黄铜矿、黄铁矿交代，同时还见镍黄铁矿被其他硫化物交代的现象。

22个镍黄铁矿的电子探针分析结果平均含量为：Ni 36.12%，Fe 29.75%，Co 0.85%，Cu 0.15%，S 32.85%。

显微镜下镍黄铁矿呈淡黄色，均质；从岩浆期→矿浆期→热液期的矿石中镍黄铁矿的反射率依次降低。

(4)磁铁矿：本区矿石中磁铁矿的含量仅次于上述三种矿石矿物，分布广泛。在浸染状矿石中，主要呈自形－半自形细粒状，粒径小于0.1 mm，它常被暗色非金属矿物溶蚀交代；在致密块状矿石中，磁铁矿粒度为1.5~5 mm，主要呈不均匀星散浸染状分布，包裹在金属硫化物集合体中，大多被溶蚀成浑圆状或不规则粒状；磁铁矿在稠密浸染状矿石中含量最高，且磁铁矿中存在呈固溶体分离结构的钛铁矿连晶；有少量磁铁矿是在主要金属硫化物结晶之后形成的，主要呈小于0.06 mm的他形晶细粒状产出，往往与砷化物和砷硫化物等共生，是岩浆期后热液阶段的产物。

(5)黄铁矿：在本区各类矿石中均有分布，但含量较少。在浸染状矿石中的黄铁矿含量很少，在致密块状矿石中相对增多。致密块状矿石中黄铁矿常呈半自形和自形晶状，颗粒大小不等，最大可超过5 mm。在热液阶段的矿石中黄铁矿呈他形晶，粒度相对较细，多为0.01～1 mm，且以微粒为主，黄铁矿成浸染状集合体和细脉集合体分布。

5 个黄铁矿的电子探针分析结果平均含量为：Fe 44.30%，Co 1.41%，Ni 0.066%，Cu 0.08%，S 53.03%。其中钴含量最高可达3.81%。

黄铁矿在显微镜下呈淡白色，均质；反射率较高。

(6)紫硫镍矿：紫硫镍矿是本区重要的镍矿物之一，主要分布于细脉浸染状矿石和胶结状矿石中，在其他矿石类型中少见。紫硫镍矿主要是由矿液交代镍黄铁矿蚀变生成的，常呈镍黄铁矿假象产出，同时，还存在少量沿磁黄铁矿颗粒或集合体边缘交代形成的紫硫镍矿，它们在磁黄铁矿外沿形成紫硫镍矿的反应边。由矿液中直接结晶析出的紫硫镍矿极少见到，细脉浸染状矿石中紫硫镍矿有被黄铁矿交代的现象。

4 个紫硫镍矿的电子探计分析结果平均含量为：Ni 35.74%，Fe 24.08%，Co 0.99%，Cu 0.08%，S 38.43%。

紫硫镍矿在显微镜下呈淡紫色，均质，解理发育。

(7)方黄铜矿：为本矿区的少量矿物，主要存在于致密块状特富矿石和致密块状高铜特富矿石中，在浸染状矿石中少见。方铜矿主要为他形晶，少量半自形晶；粒径最大可达1 mm，主要呈细－微粒状，方铜矿可在黄铜矿、磁黄铁矿和镍黄铁矿中呈固溶体分离的板状连晶。

6 个方铜矿的电子探针分析结果平均含量为：Cu 24.29%，Fe 41.69%，Ni 0.25%，Co 0.03%，S 33.48%。

显微镜下，方铜矿呈淡棕色，具有显著双反射性和非均质性。

(8)钛铁矿：为本矿区的少量矿物，主要赋存于各类浸染状矿石中，致密块状特富矿石中少见；主要呈他形和半自形晶，粒度多为0.5 mm左右；主要分布于脉石中，部分在磁铁矿中呈固溶体分离结构的连晶产出。钛铁矿的电子探针分析结果平均含量为：TiO_2 46.50%，FeO 46.80%，MnO 6.66%。钛铁比为1.8。

(9)等轴方黄铜矿：在本矿区为微量矿石矿物，主要赋存于致密块状高铜特富矿石中，其他类型矿石中少见，是由斜方黄铜矿经矿液交代而形成的，具有斜方黄铜矿颗粒的粒状和板状连晶假象，以微粒为主，少量细粒状。等轴方黄铜矿晶粒中常有一组细密的平行收缩裂纹。在致密块状高铜特富矿石中，少数等轴方黄铜矿是由黄铜矿交代磁黄铁矿生成的，在磁黄铁矿边缘呈薄的反应边状，分布于上述两矿物粒间。

7个等轴方黄铜矿的电子探针分析结果平均含量为：Fe 40.86%，Cu 23.83%，Ni 0.30%，Co 0.01%，S 34.98%。

在显微镜下，等轴方黄铜矿呈淡粉红色，较古方铜矿的粉红色调深，为均质体，无内反射，等轴方黄铜矿的反射率较低；其抗磨硬度与黄铜矿相近，磨光性良好。

(10)富镍硫铁铜钾矿：在本矿区为微量矿石矿物，主要赋存于致密块状特富矿和致密块状高铜特富矿石中，在胶结状构造的矿石中很少见；常与黄铜矿、黄铁矿和镍黄铁矿等硫化物共生。富镍硫铁铜钾矿呈半自形和他形粒状晶，粒径多为0.01~0.15 mm，最大达0.6 m，由于应力和热液作用，部分晶粒发育有次生裂纹，其中往往有黄铜矿或方铜矿溶蚀交代充填。

富镍硫铁铜钾矿是一个含钾的硫化物，30个富镍硫铁铜钾矿的电子探针结果平均含量为：Fe 39.26%，Ni 17.06%，K 8.35%，Cu 1.46%，Co 0.07%，Na 0.03%，Bi 0.01%，S 32.78%，Cl 1.62%。

(11)白铁矿：在本矿区为微量矿物，主要赋存于胶结状矿石和细脉浸染状矿石中，呈他形晶，粒度均小于0.5 mm，呈单粒或集合体出现，常与黄铁矿在一起；主要从岩浆期后的低温热液中结晶析出或交代磁黄铁矿而生成。

3个白铁矿的电子探针分析结果平均含量为：Fe 46.32%，Co 0.09%，Ni 0.18%，Cu 0.17%，Te 0.33%，S 52.99%。

(12)银镍黄铁矿：为本矿区的微量矿物，但为本区含银的主要矿物之一；主要赋存于致密块状高铜特富矿石和致密块状特富矿石中，在其他类型矿石中少见；颗粒形态极不规则，粒度多在0.05 mm以下；银镍黄铁矿与镍黄铁矿和黄铜矿关系密切，常与它们形成固溶体分离结构。

16个银镍黄铁矿的电子探针分析结果平均含量为：Ag 9.63%，Fe 34.07%，Ni 24.29%，Co 0.21%，Cu 0.03%，S 31.15%。该矿物中银含量变化大，最低为6.08%，最高达12.53%。

银镍黄铁矿在显微镜下呈浅红褐色，反射率较低，为均质矿物，无内反射；抗磨硬度与黄铜矿大致相同，磨光性好。

(13)碲银矿：本矿区主要的含银矿物；含量极微，主要赋存于致密块状高铜特富矿和致密块状特富矿石中，在稀疏浸染状矿石和细脉浸染状矿石少见。碲银矿主要呈细小的他形微粒集合体存在，一般小于0.3mm，常与其他碲化物、银金矿等金属硫化物在一起，分布于上述硫化物晶粒中或晶粒间。

17 个碲银矿的电子探针分析结果平均含量为：Ag 65.48%，Fe 0.29%，Cu 0.24%，Au 1.12%，S 0.03%，Te 32.41%。部分碲银矿中含有金矿物的包裹体，最高含金达 13%。

碲银矿在显微镜下为灰白色，具强非均质性，反射率中等。

(14) 碲镍铂钯矿：是本矿区主要的铂族矿物之一，含量极微，但经济意义很高；主要赋存于致密块状特富矿石中，而在致密块状高铜特富矿石中相对较少，颗粒形态呈他形晶至自形晶，自形晶者往往具有六边形外形。粒度一般小于 0.02 mm，最大可达 0.04 mm。常被磁黄铁矿包裹于其中，少数包裹于黄铜矿中或分布于其他硫化物晶粒间。碲镍铂钯矿主要生成于矿浆贯入期，也有少量生成于岩浆期后的热液阶段，。

23 个碲镍铂钯矿的电子探针分析结果平均含量为：Pt 15.23%，Pd 10.71%，Ni 8.56%，Fe 2.50%，Bi 1.17%，S 0.03%，Se 0.77%，Te 60.92%。Pt∶Pd∶Ni = 1.8∶1.3∶1。铂、钯、镍等的含量变化较大，Pt 11.89% ~21.74%，Pd 6.97% ~15.75%，Ni 4.93% ~14.65%，Fe 0% ~7.03%，Bi 0% ~3.06%，Te 52.61% ~67.50%。

碲镍铂钯矿在显微镜下呈白色，反射率大于黄铁矿，非均质性，抗磨硬度稍大于磁黄铁矿。

(15) 等轴碲铋钯矿：为本矿区主要的铂族矿物之一，含量极微，但经济意义很高；主要赋存于致密块状特富矿和致密块状高铜特富矿石中，在其他浸染状矿石中少见；等轴碲铋钯矿呈他形晶，粒度小于 0.038mm；主要分布于金属硫化物晶粒间或被包裹于磁黄铁矿和黄铜矿中。等轴碲铋钯矿主要生成于矿浆贯入期，少量生成于岩浆期。

13 个等轴碲铋钯矿的电子探针分析结果平均含量为：Pd 23.78%，Pt 0.23%，Fe 0.65%，Ni 0.53%，Co 0.11%，S 0.11%，Bi 51.28%，Te 21.94%。为富铋型的等轴碲铋钯矿。

等轴碲铋钯矿在显微镜下，呈白色，均质体，反射率较高；抗磨硬度略大于黄铜矿物。

(16) 铋碲铂矿：为本矿区主要的铂族矿物之一，含量极微，但经济意义很高；主要赋存于致密块状特富矿和致密块状高铜特富矿石中，在其他浸染状矿石中较少；铋碲铂矿呈他形晶，粒度小于 0.03mm；主要分布于金属硫化物晶粒间或被包裹于磁黄铁矿和黄铜矿中。铋碲铂矿主要生成于矿浆贯入期，少量生成于岩浆期。

2 个铋碲铂矿电子探针分析结果平均含量为：Pd 33.87%，Pt 0.69%，Fe 0.33%，Ni 0.14%，Cu 0.05%，Pb 2.47%，Sb 0.11%，S 0.39%，Bi 38.08%，Te 23.90%。

铋碲铂矿在显微镜下呈白色，均质体，反射率较高；抗磨硬度略大于黄铜矿。

(17)碲钯矿：为本矿区主要的铂族矿物之一，含量极微，主要赋存于致密块状特富矿石中，碲钯矿呈他形和半自形晶，微粒状，主要形成于矿浆贯入期和热液阶段。

6个碲钯矿的电子探针分析结果平均含量为：Pd 39.09%，Pt 0.35%，Fe 0.66%，Ni 0.22%，Co 0.08%，Cu 0.01%，Au 0.15%，Ag 4.82%，S 0.16%，Bi 6.68%，Te 46.75%。该矿物中普遍含银，含量为0.39%~12.54%，部分含银高的矿物为含银碲钯矿。

碲钯矿在显微镜下呈白色，反射率大于黄铁矿，非均质性，抗磨硬度稍大于磁黄铁矿。

(18)铬尖晶石：为极微量矿物，主要分布于各类浸染状矿石中。呈自形－半自形晶，晶粒细且均匀，粒径小于0.15 mm，多为贵橄榄石和斜方辉石的包裹体。

2个铬尖晶石的氧化物平均含量为：Cr_2O_3 27.48%，Al_2O_3 27.01%，FeO 36.94%，MgO 7.64%，TiO_2 0.95%。属富铁铝铬铁矿。

(19)银金矿：为本矿区的极微量矿物，在各类型矿石中均有分布，但在致密块状特富矿石和致密块状高铜特富矿石中最富集，在部分矿化岩石中也有分布，为本矿区最主要的金银矿物。矿物颗粒主要呈不规则的片状、粒状和树枝状等，粒度极细小，粒径多小于0.051 mm，最大可达0.3 mm。往往赋存于黄铜矿等金属硫化物晶粒间或微裂隙中。根据金的成色可分为：银金矿和自然金。

10个银金矿物的电子探针分析结果平均含量为：Au 72.89%，Ag 22.76%，Fe 0.70%，Ni 0.07%，Cu 0.92%，Bi 0.39%，S 0.12%，As 0.04%，Te 0.07%，Cr 0.07%。金银比为2.6~3.3，平均为3.2。

5个自然金的电子探针分析结果平均含量为：Au 81.55%，Ag 15.50%，Fe 0.28%，Co 0.02%，Ni 0.16%，Cu 0.12%，Bi 0.07%，Sb 0.02%，Pb 0.08%，S 0.04%，As 0.43%，Te 0.05%。金银比为4.2~6.8，平均为5.3。

在显微镜下，银金矿和自然金均呈金黄色，具有明显的假非均质性，高反射率，抗磨硬度略小于黄铜矿，延展性好，由于矿石中黄色的金属矿物多，银金矿和自然金的光性差异较小，不易区分，总的特征是自然金的色调更深，为深黄色，银金矿为亮黄色。

(20)自然银：主要赋存于致密块状特富矿石和矿化辉长辉绿岩中，呈他形晶，粒度小于0.01 mm，主要分布于金属硫化物晶粒间或微裂隙中。

2个自然银的电子探针分析结果平均含量为：Ag 98.92%，Au 0.09%，Fe 0.66%，Co 0.01%，Ni 0.02%，Cu 0.11%，S 0.03%，As 0.02%，Te 0.16%。

自然银在显微镜下，呈亮白色，在空气中易变暗，为均质矿物。

4.3.2　脉石矿物

本区主要脉石矿物有斜长石、贵橄榄石、古铜辉石、角闪石、黑云母，以及这些矿物蚀变形成的蛇纹石、阳起石、绿泥石、皂石、黝帘石、滑石、葡萄石、绢云母等；少量脉石矿物有方解石、石英、白云石等；另外，还可见到锆石、磷灰石、榍石等在岩体中成副矿物形式存在。

矿石中脉石矿物与围岩（岩体）中造岩矿物相同，只是含量上存在较大差别。各类矿石中脉石矿物成分基本相同。其主要差别为：

（1）它们在含量上差别较大；特别是浸染状矿石与致密块状矿石两者的脉石矿物含量通常相差一个数量级。

（2）斜长石、古铜辉石、贵橄榄石在浸染状矿石中含量较多，且为常见矿物，在致密块状矿石中则为少见的微量矿物；而阳起石、绿泥石和碳酸盐类矿物的含量则正好相反，在致密块状矿石中含量相对有所增加。

（3）炭在浸染状矿石中以石墨的形式存在，而在致密块状矿石中，则形成碳硅石和碳化钨矿。

上述这些脉石矿物特点表明：矿石具有明显的岩浆矿床的特征；致密块状矿石与浸染状矿石形成的物理化学条件有较大区别。

4.4　矿石的结构构造

矿石的结构构造反映着成矿作用时的岩浆和矿浆演化特征、矿物形成的物理化学环境及其自身的晶体化学性质差异等。除矿石的原生结构构造外，在矿石形成后还会受到后期作用及次生氧化作用等的影响，形成次生的结构和构造。

4.4.1　矿石结构

（1）自形粒状结构：组成矿石的金属矿物以平滑、规整的界面相接触，矿物颗粒呈自形晶状。磁黄铁矿、毒砂、针铁矿、黄铁矿等结晶能力较强的矿物，在呈分散粒状时具有自形粒状结构特征。

（2）半自形粒状结构：组成矿石的金属矿物绝大部分呈半自形晶产出。在由磁黄铁矿、镍黄铁矿和黄铜矿组成的矿石中，磁黄铁矿和镍黄铁矿多呈半自形晶产出，少量黄铜矿呈他形粒状充填于它们的晶粒中。

（3）他形粒状结构：组成矿石的金属矿物绝大部分呈不规则粒状产出。在以黄铜矿为主组成的高铜特富矿石中，黄铜矿常呈他形不规则粒状产出。

（4）固溶体分离结构：是指两种金属矿物在共结温度时，一种矿物从另一种矿物中结晶析出而形成的结构。这种结构说明成矿时的物理化学条件变化不大。

常见的固溶体分离结构有：钛铁矿沿着磁铁矿的解理分离出来，形成板状结构和格状结构；镍黄铁矿从磁黄铁矿的固溶体分离出来，镍黄铁矿呈羽状连晶结构和火焰状结构；镍黄铁矿存在于黄铜矿中，构成叶片状结构等。

(5)交代熔蚀结构：早形成的矿物被晚形成的矿物交代熔蚀而形成的结构。早形成的矿物被交代呈浑圆状或港湾状，如自形的黄铁矿、磁铁矿被后期的黄铜矿溶蚀呈浑圆状或港湾状。

(6)交代残余结构：早形成的矿物被晚形成的矿物交代熔蚀成形态各异的残余状结构。如磁铁矿、磁黄铁矿、镍黄铁矿等被黄铜矿交代呈破布状。

(7)骸晶结构：先期结晶的自形－半自形晶矿物破晚结晶的矿物熔蚀呈骨架状、骸晶状，如磁铁矿、钛铁矿等被后期的黄铜矿等硫化物溶蚀而成骨架状和穿孔状。

(8)环边结构：也称反应边结构，是先结晶的矿物被矿液沿边缘环状交代而形成一种新矿物，后生成的矿物呈环边状包裹早先形成的矿物。如磁黄铁矿的边缘存在有一层白铁矿的外边；黄铁矿周围存在黄铜矿的反应边。

(9)海绵陨铁结构：这是一种典型的岩浆结晶分异和熔离作用形成的结构，早先结晶的硅酸盐矿物如辉石等被磁黄铁矿等金属硫化物交代呈孤岛状。

(10)似斑状结构：结晶粗大而自形的磁铁矿、黄铁矿等金属矿物被细粒的磁黄铁矿、黄铜矿等包围在中间呈孤岛状的斑晶。此结构常见于各类特富矿石中。

4.4.2 矿石构造

(1)浸染构造：磁黄铁矿、黄铁矿、镍黄铁矿、黄铜矿等金属矿物及其集合体呈不规则的粒状浸染于脉石矿物的孔隙中。根据金属矿物含量的多少及排列形状可分为以下几种：

星散状浸染构造：金属矿物含量少于5%，呈星散状分布于橄榄苏长岩、苏长岩和部分闪长岩相的岩石中。

稀疏浸染状构造：金属矿物含量为5%～20%，分布于贫矿石中。

中等－稠密浸染状构造：金属矿物含量多于25%，矿石中的金属矿物明显较星散状和稀疏浸染状矿石中增多，构成本区的工业富矿体。

团斑状浸染构造：矿石中的金属矿物集合体局部富集呈团块状，矿石的其余部分仍然有细粒浸染状的金属矿物存在。

(2)块状构造：金属矿物含量增多至80%以上，构成块状构造，其中的脉石矿物含量极少。根据金属矿物集合体的数量、集合体形态及金属矿物组合体分布特征又可分为：

磁黄铁矿型块状构造：此类构造的矿石，以含磁黄铁矿超过 70% 为特征，其他金属矿物有黄铜矿、镍黄铁矿、磁铁矿、黄铁矿等。此类构造的矿石在块状构造矿石中占绝对优势。

黄铜矿型块状构造：此类构造的矿石，以含黄铜矿超过 65% 为特征，其他金属矿物有磁黄铁矿、镍黄铁矿、磁铁矿等，是高铜特富矿所特有的构造。

条带块状构造：在磁黄铁矿为主的基础上断续分布着大致平行的黄铜矿条纹和条带。

团斑块状构造：在磁黄铁矿为主的的基础上，有稀疏的黄铁矿和黄铜矿的小团块断续分布。

(3)浸染条带构造：在熔离作用和重力分异作用下，金属硫化物与硅酸盐矿物分别集中或相间排列而形成的构造。仅见于橄榄苏长岩带。

(4)角砾状构造：熔离作用形成的硫化物聚集的块状体被破碎呈角砾，被细粒状的硫化物及脉石矿物胶结。这类构造多见于块状矿体的边部。

(5)胶结状构造：破碎的岩石角砾被金属硫化物胶结而形成的构造，主要分布于块状矿石与浸染状矿石的结合部位，其中的岩石角砾的棱角大多已被金属硫化物熔蚀成次棱角状或次圆状；角砾成分主要为苏长岩、橄榄苏长岩、辉绿辉长岩。

(6)脉状构造：为晚期成矿作用的标志，是成矿热液沿岩体或围岩中的裂隙充填交代而形成的。这类脉体一般只有数厘米宽，主要由黄铜矿、黄铁矿和脉石矿物组成。

(7)胶状构造：是次生氧化作用形成的构造，金属硫化物被氧化形成胶状褐铁矿等，在外形上表现为皮壳状、钟乳状、粉末状，主要分布于氧化矿带。

4.5　矿石的化学成分

根据前人对本矿区各类矿石的多元素分析(表 4 - 1)、物相分析、简相分析，总结出本矿区的矿石的化学组成特征如下：

(1)铜、镍是本矿床的主要造矿元素及工业矿体的主要组成元素；铜、镍分别与硫、铁形成重要的工业矿物黄铜矿、镍黄铁矿。

(2)本矿床可以综合利用的伴生元素有金、银、铂、钯、钴、硒、碲、硫。

(3)本矿床的有害元素有铅、锑、铋、砷、铬、锰。

(4)成矿作用的主要矿化剂为硫，其次为砷、蹄、锑、铋。

(5)铁族元素中的镍、钴、铁、锰、铬、钛的主要产出形式为硫化物。

表 4-1 喀拉通克铜镍硫化物矿床中各类矿石多元素分析结果

样品编号	矿石类型	化学成分/%							
		Cu	Ni	Mn	S	F	Pb	Zn	Co
30 线-1	高铜块状矿石	17.26	1.93	0.13	37.24	0.025	0.089	0.077	0.021
Xk501-0	高镍块状矿石	1.62	4.09	0.026	38.86	0.021	0.006	0.009	0.084
Xk404-1	浸染状矿石	1.41	0.44	0.14	4.80	0.028	0.019	0.015	0.011
Xk405-3	浸染状矿石	0.34	1.57	0.17	12.20	0.050	0.004	0.021	0.031
Xk504-5	稠密浸染型矿石	2.13	1.52	0.12	13.68	0.027	0.023	0.079	0.038
710-3	细脉浸染型矿石	3.26	0.66	0.15	9.87	0.030	0.008	0.018	0.015
701-7	细脉浸染型矿石	4.08	0.47	0.27	11.07	0.052	0.008	0.023	0.007
710-5	浸染网脉状矿石	1.53	1.08	0.12	12.42	0.049	0.004	0.012	0.039
650-9	特富块状矿石	3.50	3.51	0.67	37.98	0.020	0.011	0.015	0.11
650-11	脉结状矿石	1.34	1.69	0.10	24.62	0.028	0.016	0.012	0.12
Ⅱ	富矿工业矿石	1.65	0.58	0.14	10.75	0.007	0.023	0.020	0.046
Ⅲ	贫矿工业矿石	0.54	0.19	0.14	3.06	0.012	0.012	0.016	0.021
Ⅳ	高铜工业矿石	14.23	1.05	0.12	30.97	0.003	0.038	0.073	0.063
Ⅴ	高铜工业矿石	13.64	2.27	1.095	32.42	0.002	0.050	0.068	0.065

样品编号	微量元素/$(g \cdot t^{-1})$													
	Au	Ag	As	Sb	Bi	Pt	Pd	Os	Ir	Ru	Rh	Se	Te	Cr
]30 线-1	8.71	208	16.9	0.71	18.6	0.71	0.3	0.0058	<0.005	0.004	<0.001	187	223	20
Xk501-0	0.073	6.04	0.3	1.2	2.2	0.13	0.05	0.0140	<0.005	0.0086	0.004	55.8	48	88
Xk404-1	0.083	8.63	0.5	0.08	2.1	0.04	0.05	0.0054	<0.005	0.0032	<0.001	15.5	3.7	74

续表 4－1

]Xk405－3	0.098	2.88	0.8	0.18	2.3	0.08	0.15	0.0080	<0.005	0.0045	<0.001	28.0	48	800
Xk504－5	0.091	10.6	1.1	0.02	4.1	0.07	0.08	0.0066	<0.005	0.0036	<0.001	28.0	3.7	490
710－3	0.26	16.3	0.1	0.02	3.5	0.13	0.10	0.0062	<0.005	0.0032	<0.001	25.4	3.8	660
701－7	0.056	17.7	0.1	0.20	0.02	0.05	0.15	0.0110	<0.005	0.0085	0.001	27.7	1.3	490
710－5	0.054	4.32	0.1	0.02	0.3	0.05	0.05	0.0110	<0.005	0.011	<0.001	19.7	2.8	650
650－9	0.13	9.50	0.6	0.20	1.8	0.14	0.05	0.0084	<0.005	0.0045	<0.001	54.1	2.9	98
650－11	0.27	4.03	4.6	0.02	3.2	0.05	0.12	0.0080	<0.005	0.004	<0.001	42.5	4.4	490
II	0.28	11.5	7.9	0.72	4.4	0.15	0.15	0.0064	0.017	<0.003	<0.009	18	6.2	60
III	0.082	3.9	67	10.4	1.6	0.03	0.06	0.0052	0.018	<0.003	0.011	4.1	1.7	60
IV	1.48	69.4	0.81	0.24	1.8	0.36	0.28	0.0042	0.020	<0.003	0.009	8.9	39	<2
V	3.72	67.6	1.80	0.13	3.8	0.29	0.25	0.0044	0.017	<0.003	0.010	100	46	2

表中原始数据引自喀拉通克铜镍矿山详细勘探报告。

镍主要形成硫化物，也常有硫砷化物（辉砷镍矿）、碲化物（如碲镍铂矿）等。铁主要呈硫化物产出，如磁黄铁矿与黄铁矿等，且前者数量大于后者；其次为氧化物，形成磁铁矿、钛磁铁矿。钴主要形成硫砷化物，如辉砷钴矿等。锰在本矿床含量很少，在浸染状矿石中以类质同象的形式存在于钛铁矿中，形成锰钛铁矿，在致密块状特富矿石中则呈硫化锰形式出现。铬在各类浸染状矿石中呈氧化物（铬铁尖晶石）产出，在致密块状特富矿石中则呈自然元素出现。钛主要以氧化物的形式存在。这些铁族元素的特征表明了本区成矿作用是在一个相对还原的环境下进行的。

（6）矿床中主元素铜与镍的含量特点是铜明显多于镍，在四种主要工业矿石类型中的 $\omega(Cu)/\omega(Cu+Ni)$ 的比值如表 4-2 所示：

表 4-2　喀拉通克矿山主要工业矿石类型中 Cu 与 Cu + Ni 的比值表

矿石类型	铜的品位/%	镍的品位/%	$\omega(Cu)/\omega(Cu+Ni)$
致密块状特富矿石	4.5	3.425	0.57
稠密浸染状富矿石	1.65	0.58	0.74
稀疏浸染状贫矿石	0.54	0.19	0.74
致密块状高铜特富矿石	14.64	1.93	0.88

表中原始数据引自喀拉通克铜镍矿山详细勘探报告。

其中致密块状特富矿与富矿、贫矿的（Cu）与（Cu + Ni）的比值相差 0.17，富矿、贫矿与高铜特富矿相差 0.14，说明该矿中铜、镍之间的消长关系比较均匀协调，表明它们具有同源演化的特点。

（7）本矿区主要矿石类型中的有用元素的分布情况如表 4-3 所示：

表 4-3　各工业矿石中有用元素的含量（μg/g）

元素	Ⅰ特富矿石	Ⅱ富矿石	Ⅲ贫矿石	Ⅳ高铜特富矿石
Cu	45000	116500	5400	146400
Ni	34250	5800	1900	19300
Co	970	285	210	497
S	384200	77800	30600	335400
Au	0.28	0.18	0.082	2.6
Ag	16.85	10.07	3.90	68.5

续表4-3

元素	Ⅰ特富矿石	Ⅱ富矿石	Ⅲ贫矿石	Ⅳ高铜特富矿石
Pt	0.21	0.1	0.03	0.61
Pd	0.18	0.1	0.028	0.32
Se	54.95	16.75	4.1	98.6
Te	25.45	4.96	1.7	102.7

表中原始数据引自喀拉通克铜镍矿山详细勘探报告。

铜在致密块状高铜特富矿石中最富集；镍在致密块状特富矿石中最富集；钴的富集规律与镍相似，在致密块状特富矿石最富集；金、银、铂、钯的富集规律与铜相似；硒、碲富集特征与金、银、铂、钯相一致；硫在致密块状特富矿石中最富集，其次富集于致密块状高铜特富矿石和稠密浸染状富矿石中。本矿床中有用元素富集程度最高的元素为碲，其次依次为铜、硒、硫、银、金、镍、钴、钯、铂。

(8)有害元素的含量和分布。

本矿区的有害元素主要有铅、锌、砷、锑、铋、铬和锰等，它们在各主要矿石类型中的含量如表4-4所示。

表4-4　有害元素在各种类型矿石中的含量

元素名称	在不同矿石类型中的含量/($\mu g \cdot g^{-1}$)			
	块状特富矿	浸染状富矿	浸染状贫矿	高铜特富矿
Pb	500	210	120	590
Zn	120	175	160	727
As	0.45	4.2	67	6.5
Sb	0.7	0.4	10.4	0.36
Bi	2.0	3.25	1.6	8.07
Cr	93	400	60	8
Mn	3480	1400	1400	4483

表中原始数据引自喀拉通克矿山详细勘探报告。

铅以硫化物和碲化物的形式产出，主要赋存于致密块状高铜特富矿石及致密块状特富矿石中，其次赋存于浸染状矿石中。

锌以自然锌、锌铜矿和闪锌矿的形式产出，主要赋存于致密块状高铜特富矿石中，在其他各类矿石中含量相对较少。

砷在稀疏浸染状贫矿石中相对富集，主要以砷铂矿、毒砂和钴镍的硫砷化物的形式存在；其在稠密浸染状富矿中的含量较低。

锑主要富集在稀疏浸染状贫矿石中，其次富集在致密块状特富矿中，而在稠密浸染状富矿石与致密块状高铜特富矿石中锑的含量较低。锑主要呈红锑镍矿、自然锑、锑铂矿的形式出现。

铋主要富集于致密块状高铜特富矿石中，在稀疏浸染状贫矿石含量最低。铋主要呈硫化物和碲化物的形式存在。

铬主要富集在稠密浸染状富矿石中，在致密块状高铜特富矿石中的含量最低；主要呈铬铁尖晶石与自然铬的形式存在。

锰主要富集在致密块状高铜特富矿石和致密块状特富矿石中，在稠密浸染状富矿石与稀疏浸染状贫矿石中含量较低。主要以硫锰矿和锰钛铁矿形式存在。

4.6 矿床形成的物理化学条件

4.6.1 矿床形成的温度

(1)本矿区斜方辉石中熔体包裹体均一温度与计算温度接近，为 1015 ~ 1066℃；金属硫化物熔融温度为 910 ~ 960℃(表 4 - 5)，可能代表金属硫化物固相线的最高温度。

表 4 - 5　斜方辉石熔融包裹体均一温度及金属硫化物熔融温度

样品编号	包裹体均一温度	硫化物熔融温度
85ZA - 15	1065 ~ 1015℃	910℃
85ZA - 16	1066 ~ 1016℃	960℃
85ZA - 17	1016 ~ 1017℃	917℃
金属硫化物集合体熔成珠滴状熔融体的温度为：1000℃		

表中原始数据引自王润民[17]。

(2)金属硫化物的爆裂法测温结果如表 4 - 6 所示，磁黄铁矿的起爆温度为 290 ~ 370℃，黄铜矿的起爆温度为 295 ~ 418℃。说明金属硫化物的结晶温度在 300℃之上。

表 4－6　金属硫化物爆裂法测温结果

序号	样品编号	矿石类型	测试矿物	爆裂温度
1	Dt－7	稠密浸染状矿石	磁黄铁矿	320℃
2	Dt－9	稠密浸染状矿石	黄铜矿	300～330℃
3	Dt－13	稠密浸染状矿石	黄铜矿	295～340℃
4	Dt－14	稠密浸染状矿石	磁黄铁矿	290～370℃
5	Dt－10	稠密浸染状矿石	黄铜矿	418℃
6	Dt－8	致密块状高铜特富矿石	磁黄铁矿	380℃、450℃
7	Dt－11	致密块状特富矿石	磁黄铁矿	360℃
8	Dt－12	致密块状特富矿石	磁黄铁矿	340℃
9	Y1－32	致密块状特富矿石	磁黄铁矿	380℃
10	Y1－45	致密块状高铜特富矿石	黄铜矿	340℃

表中 1～8 号样品的原始数据引自王润民[17]，9 和 10 号样品由中南大学地质研究所测试室测试。

(3)本矿区矿石中普遍发育固溶体分离结构，其分离和溶出均较完整，表明成矿温度梯度不大；根据前人的研究结果，结合本矿区的特点，可将固溶体分离温度划分为：磁铁矿－钛铁矿固溶体分离温度 600～700℃，大致代表少量磁黄铁矿结晶析出与大量磁铁矿共生集合体的温度；磁黄铁矿－镍黄铁矿固溶体分离温度 350～550℃，代表主要金属硫化物磁黄铁矿、镍黄铁矿和部分黄铜矿共生组合的结晶温度范围；黄铜矿－方铜矿固溶体分离温度 250～450℃，是致密块状高铜特富矿的形成温度。

(4)根据本矿区矿体中共生金属硫化物对的硫同位素组成计算出的硫同位素平衡温度[17]：稠密浸染状矿石中磁黄铁矿－黄铜矿和磁黄铁矿－黄铁矿矿物对的硫同位素平衡温度为 446～572℃；致密块状矿石中对应值为 311～382℃。

综上所述，本矿区矿石中矿物对的平衡温度反映了各种金属矿物的形成过程：910℃以上金属矿物为熔融状态；600～910℃主要形成磁黄铁矿和少量黄铁矿的组合；350～600℃，形成以磁黄铁矿为主的磁黄铁矿－镍黄铁矿－黄铜矿的矿物共生组合，它是镍的主要成矿温度区间；250～400℃，生成以黄铜矿为主的硫化物共生组合，它是铜和金、银等稀有贵金属的主要成矿温度区间。

4.6.2　矿床形成的压力

根据本矿区矿床的矿石建造和岩浆岩产出的一致性，以及致密块状特富矿石中发育有高温矿物碳硅石和碳化钨等，可判断矿石的生成压力与中等深度相应压力大致相当。

4.6.3 矿床形成的氧化还原条件

根据作者所测定的橄榄苏长岩中的辉石、致密块状特富矿石中的磁黄铁矿和致密块状高铜特富矿石中的黄铜矿的包裹体成分，可以分析矿床形成的氧化还原条件。这些矿物包裹体中，除含有较多的 CO_2 和 H_2O 外，还含有较多还原组分的 H_2、CH_4，且 H_2 的含量随着成岩成矿过程从早到晚递减，说明本区的成岩成矿是在一个相对较还原的条件下进行的，矿体中存在自然金属也同样说明了这一点。

表 4－7　喀拉通克流体包裹体气相成分色谱分析结果(μg/g)

矿物名称	H_2	O_2	N_2	CH_4	CO	C_2H_2	CO_2	C_2H_6	H_2O
辉石	5.363	痕量	痕量	14.064	痕量	痕量	361.147	/	24
磁黄铁矿	0.266	痕量	/	0.575	/	/	154.208	/	769
黄铜矿	0.095	痕量	痕量	1.714	痕量	/	68.341	/	605

数据由中南大学地质研究所测试室提供。

本矿区中矿化早期有磁铁矿和黄铁矿的共生组合，中期存在磁黄铁矿和黄铁矿的共生组合，根据此可按下述平衡方程式计算出本区的氧逸度和硫逸度：

$$FeS_{(s)} + 1/2\ S_{(g)} = FeS_{2(s)}$$

$$Fe_3O_{4(s)} + 3S_{2(g)} = 3FeS_{2(s)} + 2O_{2(g)}$$

计算得出：氧逸度为 1.527×10^{-31}；硫逸度为 9.870×10^{-12}。

第 5 章　喀拉通克铜镍矿床的地球物理与地球化学特征

5.1　地球物理特征

5.1.1　矿区各类岩(矿)石物性特征

矿区各类岩(矿)石的物性参数统计资料如表 5－1 所示，根据表 5－1 和本区含矿岩体的岩相分带特征可看出：

(1)主要含矿岩体可分为上、中、下三个岩相带和相应的物性带；由于矿物成分和矿化程度的差异，岩体内部自边缘向中心，密度和磁性递增，强磁体和高密度体同源，均位于岩体的中下部，且具有低电阻、高极化特征。由于铜镍矿体中含有大量磁黄铁矿，因此矿体的磁性最强，且矿体愈富、其磁性愈强，矿石的剩磁(J_r)明显大于磁感应强度(B)；随着矿石的矿化程度降低，即由块状矿石→角砾状矿石→浸染状矿石和矿化岩体，它们的剩磁(J_r)逐渐降低，由大于磁感应强度(B)，逐渐两者近似，直至剩磁小于磁感应强度(B)。岩体的磁性也随着基性程度降低而减小，由苏长岩→辉长岩→闪长岩，磁性渐次降低：磁场强度由 $10^3 \times 10^{-3}$ A/m降到 $10^2 \times 10^{-3}$ A/m 直至更低，其剩磁一般小于磁感应强度(B)。沉凝灰岩等地层中的围岩一般呈弱磁性。

(2)铜镍矿体与含矿岩体及其赋矿围岩之间存在明显的密度差异，致密块状－角砾状矿石的密度最大，通常铜镍矿体与围岩之间的密度差异可达 0.3 g/cm^3 以上，矿化的苏长岩、辉长岩、闪长岩与地层之间的密度差异可达 0.12～0.2 g/cm^3；正常闪长岩的密度为 2.73～2.83 g/cm^3，碳质凝灰岩的平均密度可达 2.73 g/cm^3，略高于沉凝灰岩的平均密度 2.70 g/cm^3。

(3)块状矿石、稠密浸染状矿石、角砾状矿石的电阻率 ρ 低、极化率 η 高，稀疏浸染状矿体及有关矿化体呈现较高的极化率，但其电阻率变化相差较大(可为低阻、也可为高阻)，正常闪长岩、辉长岩表现为低极化率，地表的碳质凝灰岩呈现较高极化率、电阻率中等，不含碳质的沉凝灰岩则以低极化率为主。

表 5－1　喀拉通克铜镍矿区物性参数统计一览表

岩(矿)石名称	电性					磁性					密度		
	标本数	$\rho/(\Omega\cdot m^{-1})$		$\eta/\%$		标本数	$J_r/(10^{-3}A\cdot m^{-1})$		$B/(10^{-2}A\cdot m^{-1})$		标本数	$\sigma/(g\cdot cm^{-3})$	
		变化范围	均值	变化范围	均值		变化范围	均值	变化范围	均值		变化范围	均值
块状、角砾状矿石	32	2.6～18.5	5.6	22.9～84.5	68.4	83	5409～18644	15136	2875～12226	8270	52	3.4～4.27	3.90
浸染状矿石与矿化岩体	150	273～84550	5286	1.5～85.5	31.7	655	430～1713	1224	1433～2275	1940	424	2.85～3.02	2.96
辉长岩	85			1.04～35.3	6.1	130	129～1960	698	606～2121	1560	130	2.82～2.90	2.85
闪长岩	64			0.64～35.6	7.3	82	30～210	53	80～400	159	82	2.75～2.83	2.78
苏长岩						141	811～1179	952	1229～1905	1578	141		2.88
风化辉长岩、闪长岩	12			0.88～3.6	2.1								
炭质凝灰岩（泥板岩）	150	303～6676	873	1.72～79.8	30.9	296	弱	弱	弱	弱	296	2.69～2.75	2.73
沉凝灰岩	280			0.24～53.2	9.5	132	19～60	34.2	29～100	48.1	132	2.69～2.76	2.70

据张赛珍等资料整理而成，空白处缺资料[73]。

另外，本区南岩带含矿岩体和北岩带含矿岩体的岩石成分有所不同，但它们的密度和磁性特征是基本相似的，主要原因是这些含矿岩体中铜镍硫化物应该是同源的。南岩带的含矿岩体的岩相在物性上是可比的，从 $Y_1 \rightarrow Y_2 \rightarrow Y_3$，岩体的密度和磁性逐渐降低，这表明从西到东，岩体的基性程度降低；且 Y_2、Y_3岩体的埋藏深度较大，富矿比例低，所以埋深较浅的 Y_1 岩体对应的重磁异常最为明显。

本次研究工作中，在矿区内采集了主要岩、矿石标本，在室内用伪随机多频仪进行了物性参数的测定，测定结果见 1 号、4 号、6 号标本(图中黑圆点处)高频和低频视幅频率 F_S 曲线图及相位 φ 曲线图(图 5－1、图 5－2、图 5－3)，不论是低频还是高频，它们的相位和视幅频率曲线均有很高的单峰值，均大于 15%；而沉凝灰岩的相位和视幅频率曲线，不论是高频还是低频，都呈现为无规律的多低峰曲线，其视幅频率均为负值。进一步证实：矿区的铜镍矿体具有高极化率、低电阻率的特征；未蚀变的沉凝灰岩及不含矿的岩体极化率较低，电阻率相对较高；含碳质的沉凝灰岩极化率较高，电阻率相对较低。

从上述特征可以看出，电法是本区找矿的重要方法和手段，但是含碳质沉凝灰岩、黄铁矿化、基岩降起都会对电法找矿带来一定干扰，并对异常的解释带来一定困难。

5.1.2　矿区重力场特征

在准噶尔北缘 1∶2000000 布格重力异常等值线平面图上，本区位于阿尔泰异常区与准噶尔异常区之间；北部的额尔齐斯断裂带重力场沿阿尔泰—青河一线呈北西—南东向束状展布，该异常带的布格重力异常值从南到北由 $-125 \times 10^{-5}\mathrm{m/s^2}$ 逐渐降到 $-225 \times 10^{-5}\mathrm{m/s^2}$，梯度值每公里约 $2 \times 10^{-5}\mathrm{m/s^2}$；根据异常的变化规律和特征，推测梯度带以北地区的上地幔是一个十分陡峻的拗陷带。南部的乌伦古河异常区为北西向和东西向展布的重力异常高值区，反映了上地慢的隆起(即地壳变薄)；该重力异常高值区南部有一明显的向北凸出的弧形重力异常梯度带，梯度值为每公里 $2.5 \times 10^{-5}\mathrm{m/s^2}$；推断与该重力异常梯度带对应的为准噶尔北缘的断裂。本区位于上述两大梯级带之间的过渡区，即重力异常相对平稳区。

据新疆地质矿产局物探大队和地球物理地球化学研究所的物探资料，1980 年的 1∶20000 详查工作反映本区的布格重力异常等值线出现了一些明显的局部拱形扭曲；由于区域场的掩盖，使本区局部重力异常场不清晰；经过数据处理，滤掉区域场后明显的剩余重力异常有 G_1、G_2、G_3、G_4、G_9等(图 5－4)，这些重力异常分别与本区的 Y_1、Y_7、Y_8、Y_9、Y_2、Y_3和 Y_5含矿岩体相对应。

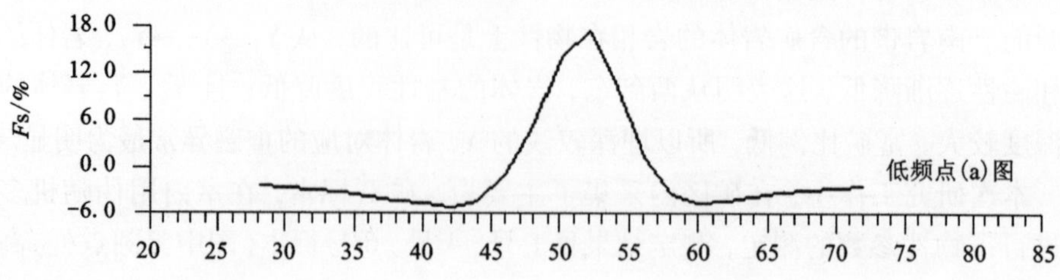

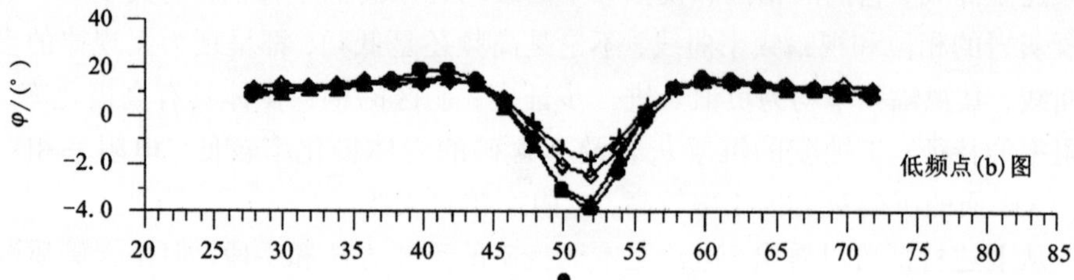

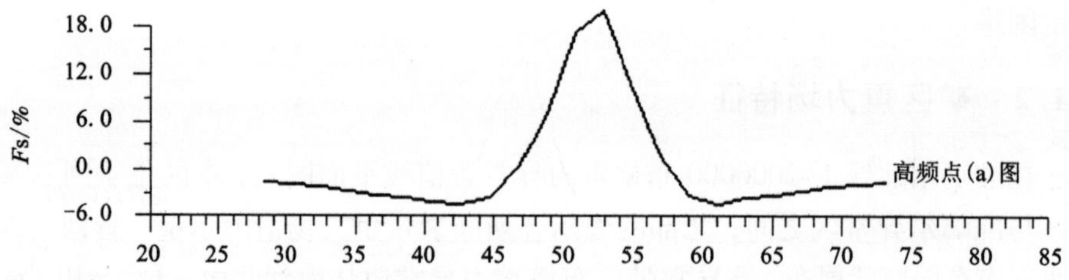

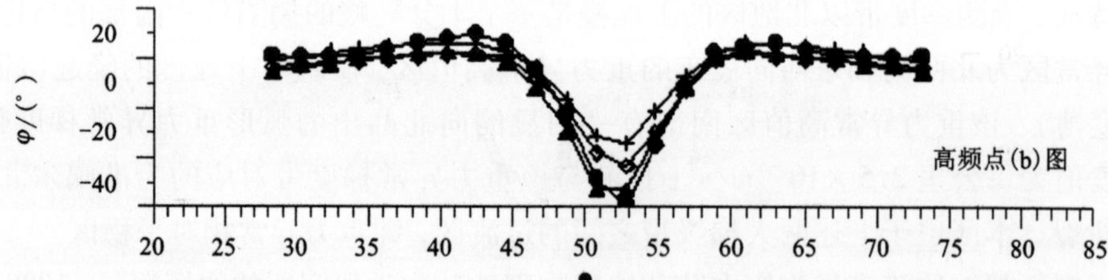

图 5-1 喀拉通克矿区 1 号标本致密块状高铜特富矿视幅频率(a)相位(b)曲线图

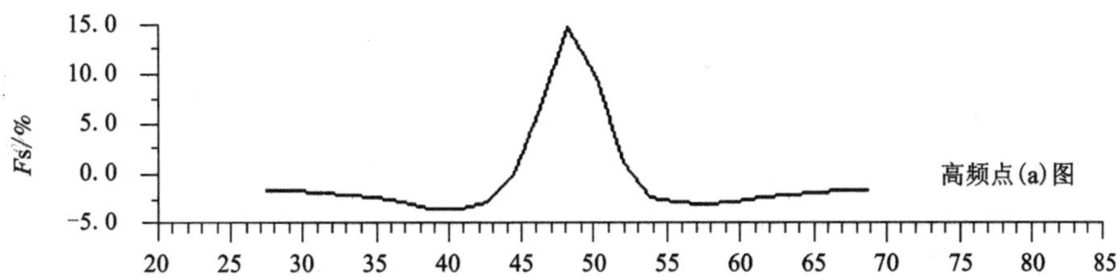

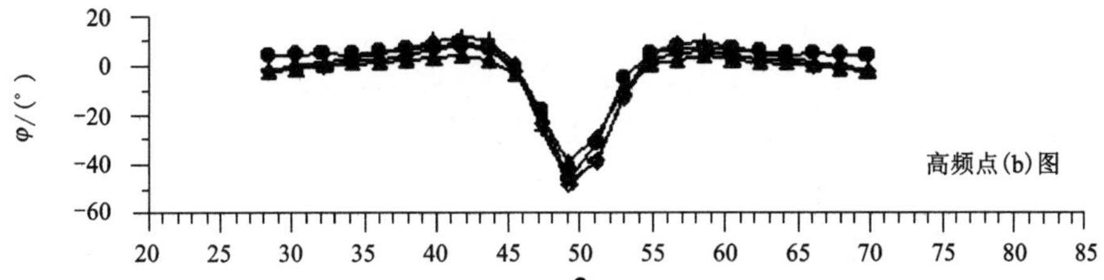

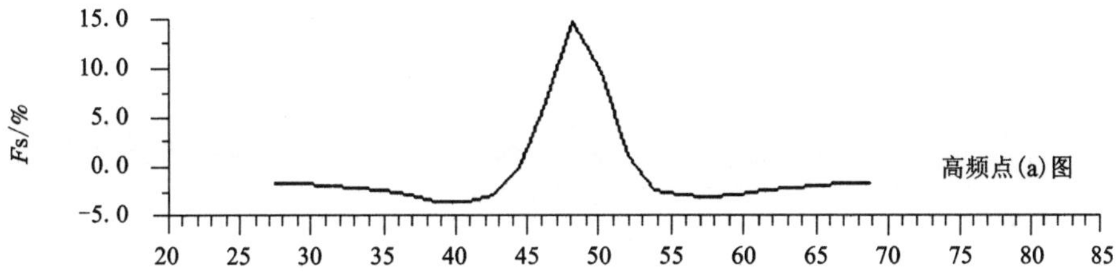

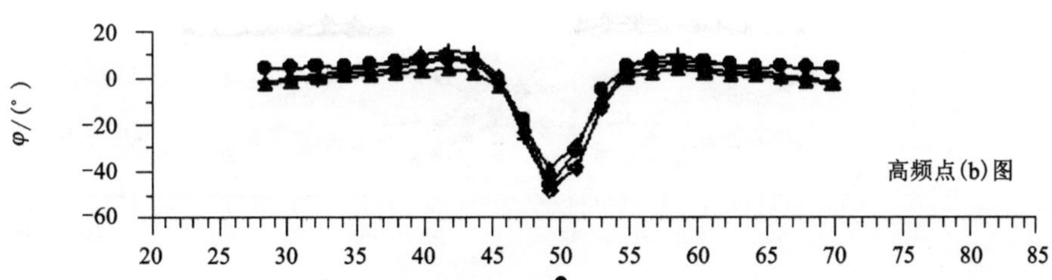

图 5-2　喀拉通克矿区 4 号标本浸染状铜镍富矿石视幅频率(a)相位(b)曲线图

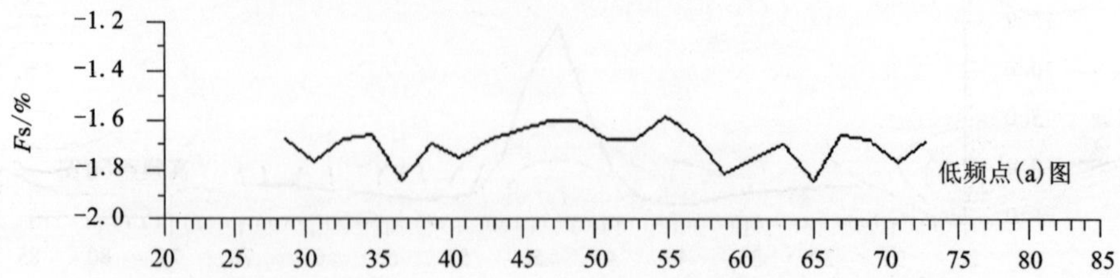

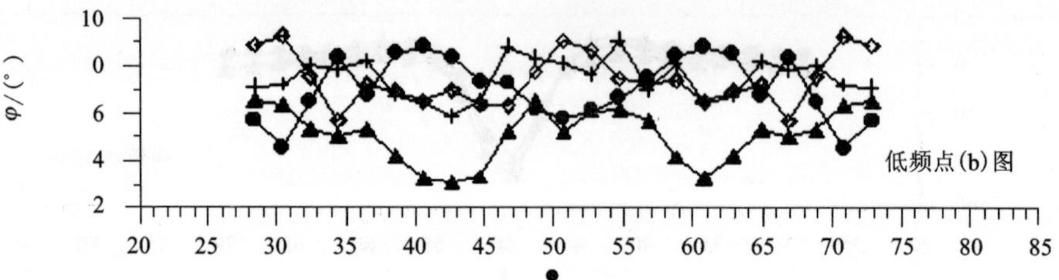

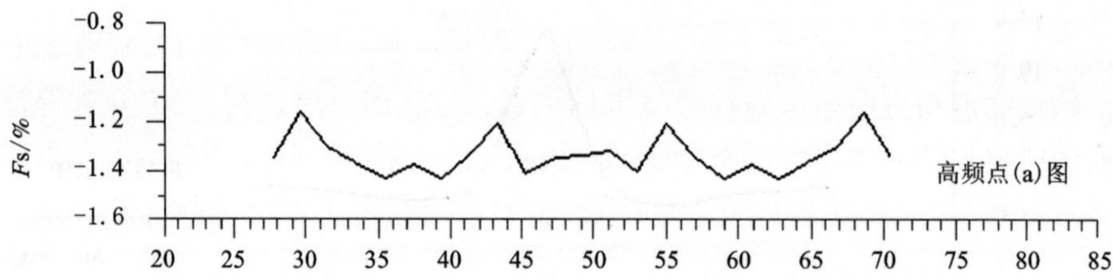

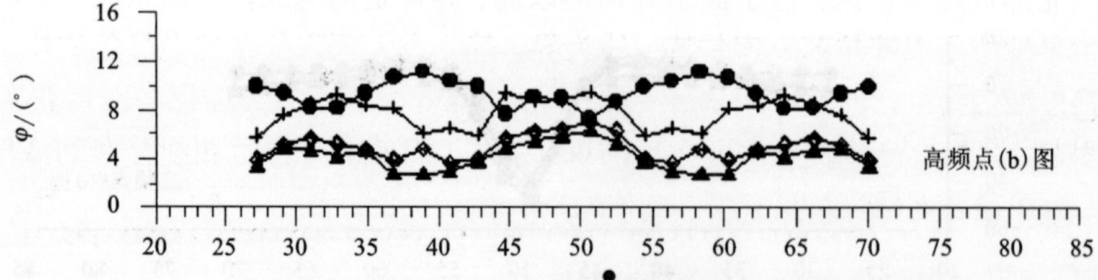

图5-3 喀拉通克矿区6号标本沉凝灰岩视幅频率(a)相位(b)曲线图

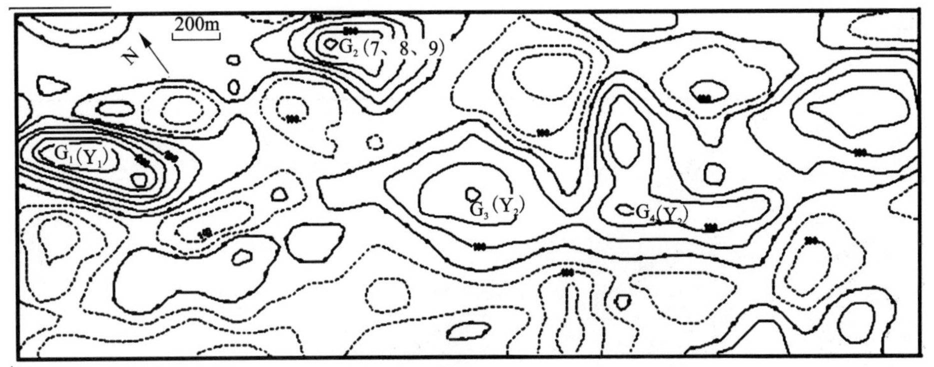

图 5-4　喀拉通克矿区剩余重力异常等值线平面图

实线为正等值线，虚线为负等值线，黑点线为零等值线

5.1.3　矿区磁场特征

在准噶尔北缘 1∶2000000 航磁 ΔT 异常等值线平面图（图 5-5）上，本区位于准噶尔北缘断裂异常带和额尔齐斯断裂异常带之间的过渡区，是环绕准噶尔盆地边缘分布的航磁弧形异常带的一部分。准噶尔北缘总的磁场特征是：磁场变化幅度大，线性异常特征明显，背景场和叠加场比较清楚，较强的正、负异常相间出现。磁场的展布方向与区内构造线方向一致，为北西—南东向。ΔT 异常等值线平面图所反映的局部异常形态为带状、线状、团块状等，强度不等，走向以北西向为主；另外，尚有近东西向、北北西向的异常与其相互交汇、穿插，构成了一幅复杂而有规律的磁场图。根据航磁异常所反映的磁场的强度、磁场形态、走向等特点，区域磁场可划分为北、中南三区。

北部负磁异常区：位于额尔齐斯河以北，异常走向为北西—南东向，负磁场占主导地位。以喀拉苏—库尔特一线为界，其北为大面积分布的平静负磁场，异常强度一般为 -100 ~ -200 nT，为大片分布的变质岩系和无磁性的酸性花岗岩所引起，其局部高峰磁异常可能与磁铁矿有关；其南以正、负相间分布的 ΔT 为主，为泥盆系地层以及具有中-强磁性的花岗岩及沿断裂带分布的一些基性岩所引起。

中部正-负异常相间分布磁场区：位于额尔齐斯断裂异常带与乌伦古河断裂异常带之间，走向为北西向，正、负条带状异常在全区相间分布；地层为泥盆系和石炭系，其中有巨厚的中酸-中基性喷发岩和沉积岩，该区在华力西中期褶皱回返，形成紧密的线状褶皱，同时伴随广泛的岩浆活动，岩浆岩大部分为具有碱性的中基性岩体和呈岩株或岩被产出的中酸性岩体；石炭系地层绝大部分不具磁性或仅具弱磁性，故反映了平静负磁场，泥盆系地层因夹有较多火山岩，普遍具有磁性，引起较强条带状异常，局部异常则由中基性岩体和强磁性的中酸性岩体引起。

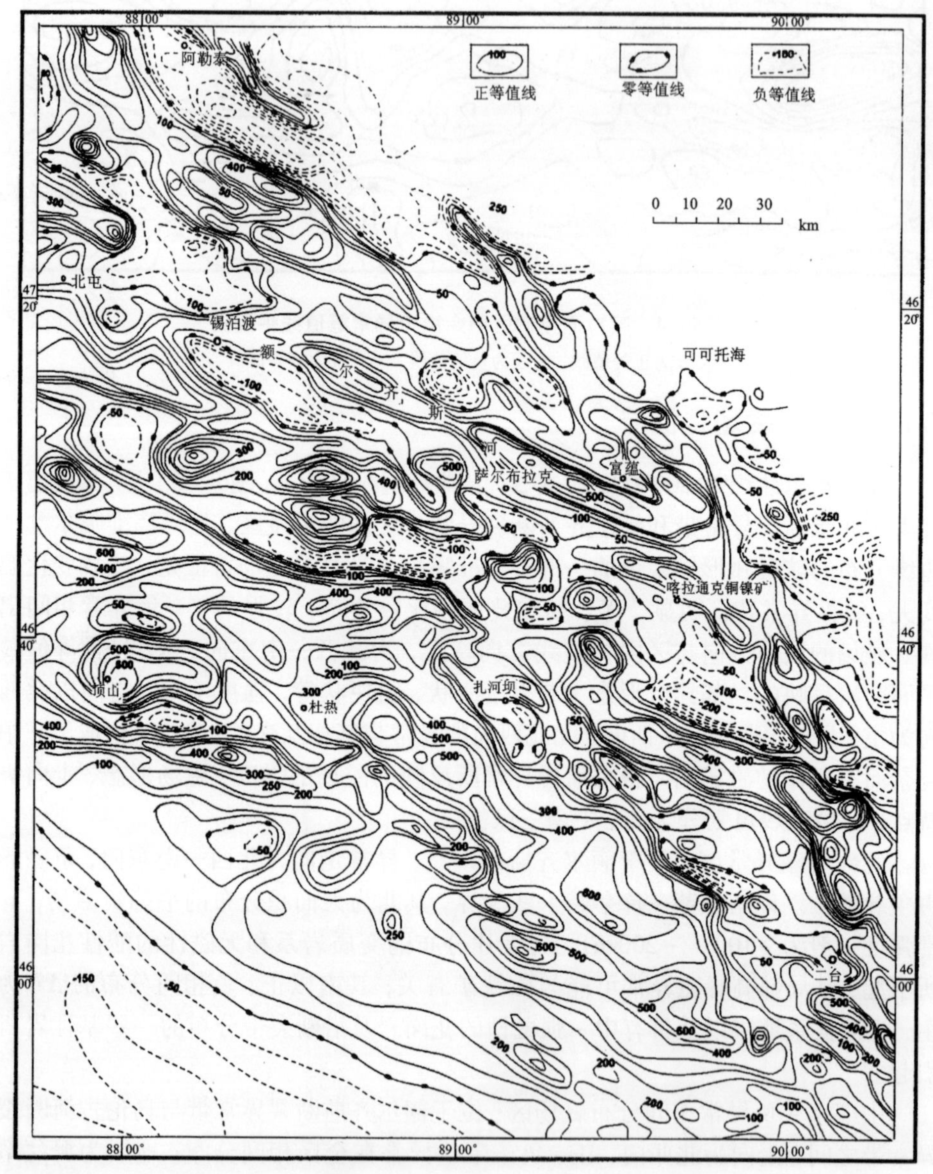

图 5-5　准噶尔北缘 ΔT 异常等值线平面图（据新疆维吾尔自治区物探大队资料）

南部正磁场区：位于乌伦古河断裂异常带以南，以大片急剧跳跃的正磁场为特征，其上叠加有北西向的局部磁异常，局部伴有负异常，走向以北西－南东向为主。异常强度一般为 500 ~ 700 nT，局部可达 1000 nT 以上。

矿区位于中部正－负异常相间分布的磁场区，区内 AM16 异常南部的平稳负磁异常场内有 150 nT 跳跃的磁异常，与本区的主要含矿岩体相对应。

矿区内的地面磁异常与航磁异常基本一致；地面磁异常强度在 500 nT 以上，可分为南北两个磁异常带，南异常带形态规则，沿走向延伸 3 km 以上，从西向东有 G_1、G_3、G_4 三个磁异常，分别对应 Y_1、Y_2、Y_3 含矿岩体；北异常带沿走向延伸 2km 以上，主要为 Y_7、Y_8、Y_9 等含矿岩体引起的磁异常。

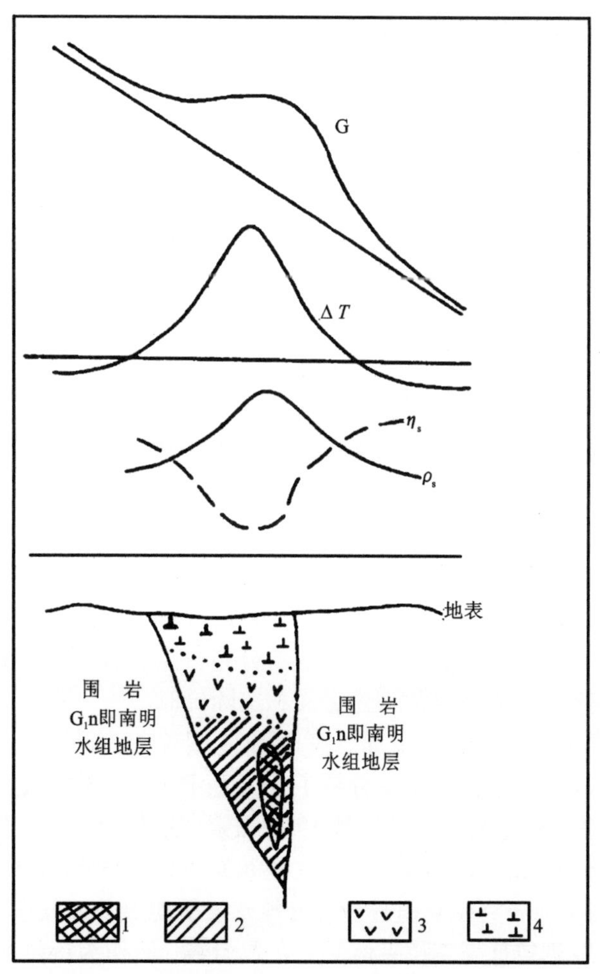

图 5－6　喀拉通克 Y_1 岩体地质－地球物理综合模式［据邓振球[1]资料修编］

1—致密块状特富矿体；2—浸染状铜镍矿体；3—黑云角闪苏长岩；4—黑云闪长岩

本次研究工作，对 Y_2 和 Y_5 含矿岩体进行了高精度磁测，均出现了大于 600 nT 的磁异常(参见第 7 章)。

5.1.4　矿区激发极化场特征

矿区的激发极化场特征之一是具有高达 6% ~10% 的视极化率背景值，造成高背景场的主要原因是：地层中黄铁矿等硫化物含量高和普遍含碳质。

激电异常形态为北西 – 南东向的长椭圆形和条带状，与区域构造带平行。南部激电异常带形态规则，呈椭圆形和条带状，与南岩带的 Y_1、Y_2、Y_3 含矿岩体相对应；北部激电异常带形态呈不规则状和条带状，与北岩带的含矿岩体相对应。

本次研究工作中，采用双频激电法和大功率低频激电法对矿区进行测量，在已知含矿岩体上均出现了明显的激电异常和低电阻率特征，尤以高精度重力、高精度磁法及频谱激电法的勘探效果最佳。喀拉通克铜镍矿体上方显示了十分清晰的重力、磁法、激电等物探异常，一般地表有 100 ~500 nT 强度的磁异常、0.5 ~1 mGal 的重力异常、10% ~20% 的高极化率异常及 100 ~200 Ω · m 的低电阻异常，异常宽度多为 200 ~400 m。重力、磁法、激电等方法所圈定的地球物理异常的重合出现可作为预测隐伏铜镍矿体或含 Cu – Ni 硫化物岩体的可靠标志，若能配合适当的高精度的重、磁测量及频谱激电方法，则成功的概率更大。该矿床主矿体上方的理想物探异常组合模式见图 5 –6。

5.2　地球化学特征

化学元素在各种地质作用中，由于物理化学条件的差异，在地壳的不同构造部位会产生不同的迁移和聚集，查明这些元素的迁移聚集规律，探索地质发展进程中各阶段的内在联系，对查明成矿元素的分布特点、阐明成矿物质来源和寻找工业矿化聚集场所，具有重要的理论意义和实际价值。

王福同[25]等在喀拉通克成矿带，按地层的 17 个填图单位进行了分层取样，对全岩样品进行了发射光谱分析，分析了 As、B、P、Cr、Cu、Pb、Sn、Sb、W、Ga、Ti、In、Ni、Bi、V、Mo、Ag、Zn、Co 等 19 种元素，其中，Sb、W、Bi、In 低于检出限。各地层岩石的光谱分析结果显示：这些元素的平均值除 Cu、B、As、V、P 等元素接近或略高于地壳克拉克值外，其余各元素平均值普遍低于 1 ~2 倍地壳克拉克值，Sn 和 Ga 则较地壳克拉克值低 1 个数量级；而作为喀拉通克含矿岩体直接围岩的下石炭统南明水组，这些元素含量更低，除 As、B、V、P 的平均含量略高于地壳克拉克值外，其余各元素均为地壳克拉克值的几分之一至十几分之一。说明该区岩浆热液蚀变作用过程中虽然伴随有某些元素的迁移带入，但对岩浆铜镍硫化物矿床的形成影响不大，南明水组中段及上段地层与所赋存铜镍矿体之间并无成因上的联系，地层对成矿主要作用是具有良好的屏蔽作用，能有效地阻止含矿岩浆和矿浆的渗溢和热液散发，使成岩成矿作用得以充分进行；另外南明水组的火山物质来源于地幔，成岩与成矿作用具有统一的控制机理和空间分布。

本区含矿岩体中，角闪苏长岩、辉绿辉长岩和橄榄苏长岩中 Cu、Ni、Co、Cr 等元素的平均值高出地壳克拉克值4～10 倍，反映了该类岩石的铜、镍成矿专属性。

本区的基性岩体给本区带来了大量成矿物质，北西向构造为岩浆的侵入和成岩成矿提供了通道和有利的场所，南明水组中段及上段地层主要给成矿提供了良好的屏蔽作用，它们三者的有机结合和综合作用最终导致了矿床的形成。

5.2.1　过渡族元素丰度及配分模式

表 5－2　Y_1岩体中主要岩石的过渡族元素含量(μg/g)

编号	岩石名称	Ti	V	Cr	Mn	Fe	Co	Ni	Cu	Zn
ID494	橄榄苏长岩	3537	127	3360	1936	150800	193	3581	5364	220
ID307	辉绿辉长岩	7914	151	158	962	65900	37	99.6	56.4	<20
Ps55	角闪苏长岩	3716	141	1900	1549	52564	84	1500	2100	
Id085	闪长岩	4016	121	859	1549	64800	56	663	1174	178
超镁铁质岩*		1300	77	3140	1010	60800	105	2110	28	50

表中原始数据引自王润民[17]。

Y_1岩体中过渡族元素含量(表 5－2)表明：Ti、V 在辉绿辉长岩中含量最高，在橄榄苏长岩中含量最低；其他元素则在橄榄苏长岩中最富集，而在闪长岩中含量最低；随岩石基性程度增高这些元素含量增高，而 Ti、V 则有所降低；岩石中这些过渡族元素的配分形式如图 5－7 所示，其曲线形态为“W”形，配分模式反映这些过渡族元素的含量具有同步消长特征。这个特征表明在岩浆结晶分异演变过程中，过渡族元素也有明显的分馏现象，其中以铬、镍、铜最为明显。这也反映了不同岩浆岩的特征及其成矿专属性规律。

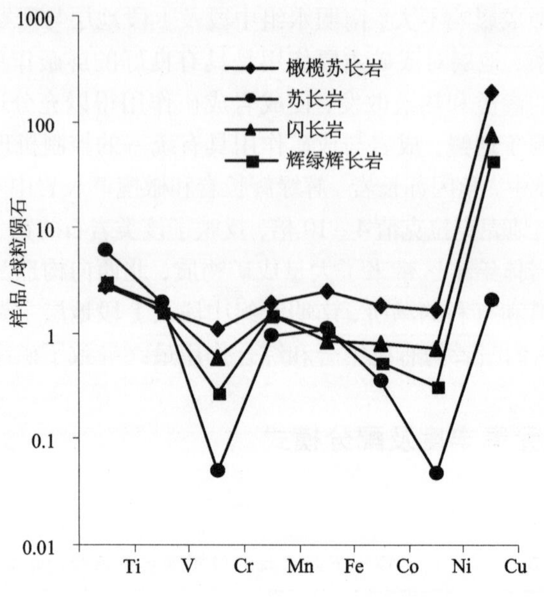

图5－7　岩体中过渡族元素配分模式图

5.2.2　同位素特征

1. 铷锶同位素组成

Rb－Sr同位素年龄是确定成矿时代、研究矿床成因的重要依据，锶同位素资料除了用于确定成矿年龄外，在示踪成矿物质来源、判断成矿过程的一些关键环节上还可收到较理想的效果[15, 75－79]。本次研究收集了前人的Rb－Sr同位素分析结果，并对这些结果进行了计算机处理。

1）Y_1岩体中橄榄苏长岩相

该岩相带中五件橄榄苏长岩样品的Rb－Sr同位素(表5－3)可构成一条等时线，且矿区东北的苦橄玢岩的铷锶组成也正好落于同一条直线附近(图5－8)，这6件样品的铷锶同位素构成的等时线斜率为0.0041，初始锶比值为0.7033，相关系数R为0.9927，其等时线年龄为288Ma。这6件样品与7件苏长岩样品的铷锶同位素组成所构成的铷锶等时线基本平行，苏长岩样品组成的等时线位于橄榄苏长岩的上方，说明橄榄苏长岩和苏长岩是同源的，是同一母岩浆结晶分异形成的，且橄榄苏长岩较苏长岩先结晶生成。

表 5-3　Y_1岩体橄榄苏长岩相中铷锶同位素组成

序号	样号	位置	$n(^{87}Sr)/n(^{86}Sr)$	$n(^{87}Rb)/n(^{86}Sr)$	备注
1	IR-138	152/30-197	0.14082	0.70385	$y=0.0041x+0.7033$ $R=0.9927$ $t=288$Ma
2	IR-103	152/30-257	0.04323	0.70354	
3	IR-143	157/28-82	0.18482	0.704	
4	IR-163	151/30-310	0.37771	0.70486	
5	IR-164	151/30-197	0.11732	0.70372	
6	Dk	矿区东北	0.17293	0.70392	苦橄玢岩

表中原始数据引自王润民[17]。

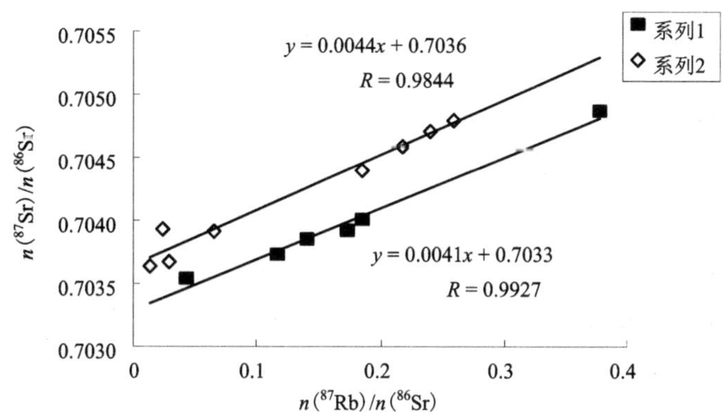

图 5-8　Y_1 岩体橄榄苏长岩(系列 1)和苏长岩(系列 2)的 Rb-Sr 等时线年龄

2)Y_1 岩体中苏长岩相

该岩相带中 7 件苏长岩样品的铷锶同位素(表 5-4)构成的铷锶等时线如图 5-9所示，其斜率为0.0044，初始锶比值为0.7036，相关系数 R 为0.9844，其等时线年龄为 309Ma。上述 7 件苏长岩样品与 9 件混染苏长岩样品的铷锶同位素组成所构成的铷锶等时线基本平行(图 5-9)，混染苏长岩组成的等时线位于苏长岩组成的等时线的上方。

9 件混染苏长岩样品的铷锶同位素(表 5-4)所构成的铷锶等时线斜率为0.0043，初始锶比值为0.7044，相关系数 R 为0.9631，其等时线年龄为 302 Ma。混染苏长岩的初始锶比值略高于苏长岩的初始锶比值，表明这组样品曾遭受地壳物质的轻微混染。尽管 9 件混染苏长岩样品的相关系数只有 0.9631，而 7 件未混染苏长岩样品构成的等时线，相关系数达到 0.9844，但它们有基本相同的斜率；

说明混染苏长岩的等时线是基本符合实际情况的，但可能偏小。

表 5-4　苏长岩相和混染苏长岩相中铷锶同位素组成

序号	样号	位置	$n(^{87}Sr)/n(^{86}Sr)$	$n(^{87}Rb)/n(^{86}Sr)$	备注
7	IR-147	27/24-148	0.23962	0.70471	$y=0.0044x+0.7036$ $R=0.9844$ $t=309$Ma
8	IR-035	36/28-272	0.06475	0.70392	
9	IR-005	157/28-80	0.18480	0.70440	
10	IR-004	157/28-60	0.25864	0.70480	
11	IR-009	157/28-153	0.21724	0.70459	
12	IR-091	152/30-236	0.01432	0.70364	
13	IR-141	152/30200B	0.02464	0.70393	
14	IR-142	152/30200C	0.02857	0.70368	
15	IR-105	152/30-296	0.01182	0.70457	这9件为受到混染的样品 $y=0.0043x+0.7044$ $R=0.9631$ $t=302$Ma
16	IR-106	152/30-300	0.04506	0.70466	
17	IR-058	160/26-134	0.20575	0.7052	
18	IR-063	160/26-215	0.05297	0.70467	
19	IR-003A	157/28-57A	0.21343	0.70539	
20	IR-003B	157/28-57B	0.05435	0.70453	
21	IR-032	36/28-75	0.27239	0.70568	
22	IR-146	27/24-172	0.23932	0.70558	
23	IR-131	27/24-117	0.18705	0.70500	

表中原始数据引自王润民[17]。

苏长岩相样品的初始锶比值较橄榄苏长岩的初始锶比值大，与实际情况吻合；但苏长岩铷锶等时线年龄 309 Ma 较橄榄苏长岩的 288 Ma 略大些，可能是后期硫化物矿浆的贯入给体系增添了新热能，延长了位于岩体中下部的橄榄苏长岩岩浆的固结时间的结果。这种现象可根据橄榄苏长岩相岩石的结晶粗大、蚀变程度较低的现象来解释。

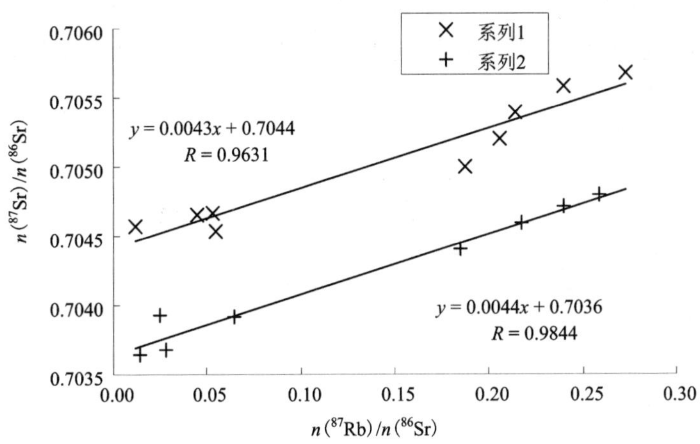

图 5－9　Y_1 岩体混染苏长岩(系列 1)和苏长岩(系列 2)的铷锶等时线年龄

3) Y_1 岩体中辉绿辉长岩相

表 5－5　辉绿辉长岩相中铷锶同位素组成

序号	样号	位置	$n(^{87}Sr)$ $/n(^{86}Sr)$	$n(^{87}Rb)$ $/n(^{86}Sr)$	备注
24	IR－059	160/26－134.5	0.07636	0.70435	$y=0.0045x+0.7042$ $R=0.9224$ $t=316$Ma
25	IR－056	160/26－134.5	0.01084	0.70419	
26	IR－058	160/26－134	0.20576	0.7052	
27	IR－057	160/26/133	0.20594	0.70505	
28	IR－060	160/26－204	0.05087	0.7044	
29	IR－060B	160/26－206	0.05073	0.70438	
30	IR－061	160/26－210	0.06505	0.70463	
31	IR－063	160/26－215	0.05297	0.70467	
32	IR－028	155/28－190	0.11434	0.70483	

表中原始数据引自王润民[17]。

该岩相带中 9 件辉绿辉长岩样品的铷锶同位素组成相对较分散(表 5－5，图 5－10)，其构成的等时线斜率为 0.0045，初始锶比值为 0.7042，相关系数 R 仅为 0.9224，其等时线年龄为 316 Ma。该年龄与苏长岩的等时线年龄相差较大，可能与样品采集的间距过小，和岩石受到后期地质作用的影响较大有关；但上述 9 件样品的初始锶比值 0.7042 与苏长岩样品初始锶比值 0.7036 以及混染苏长岩的初始锶比值0.7044接近，辉绿辉长岩受地壳物质混染程度小于混染苏长岩，而大于苏长岩；其铷锶等时线年龄316Ma与苏长岩的309Ma虽然有较大误差，但仍具有一定的参考价值。

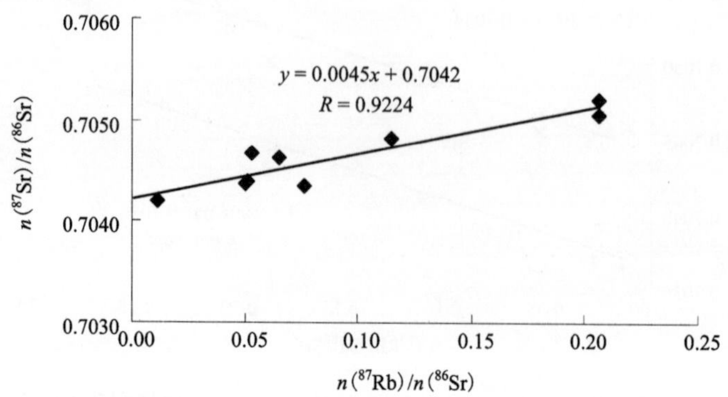

图5－10　Y_1 岩体辉绿辉长岩的铷锶等时线年龄

4) Y_1 岩体中闪长岩相

该岩相带8件闪长岩的铷锶同位素组成很分散(表5－6)，不能构成铷锶等时线(图5－11)；这种现象可能与闪长岩是上侵岩浆最后结晶成岩有关，由于其长时间的结晶演化，必然受到地壳物质的混染，且这种混染往往是不均一的，因此采集的闪长岩样品就存在极不均一性，一些样品是岩浆分异形成的正常闪长岩，一些是同化围岩形成的闪长岩，这些样品的铷锶同位素组成变化必然很大，故而其在铷锶等时线年龄图上就不可能构成相关性高的等时线。

表5－6　闪长岩相中铷锶同位素组成

序号	样号	位置	$n(^{87}Sr)/n(^{86}Sr)$	$n(^{87}Rb)/n(^{86}Sr)$	备注
33	IR－120	51/36－62	0.06857	0.70614	$y=0.0003x+0.7064$ $R=0.02$
34	IR－152	51/36－35	0.11900	0.70491	
35	IR－149	51/36－58	0.06875	0.70626	
36	IR－119	51/36－52	0.58700	0.70612	
37	IR－150	51/36－65	0.19619	0.70554	
38	IR－150B	51/36－81	0.18042	0.71305	
37	IR－150	155/28－32	0.11677	0.70428	
38	IR－032	36/28－75	0.27239	0.70568	

表中原始数据引自王润民[17]。

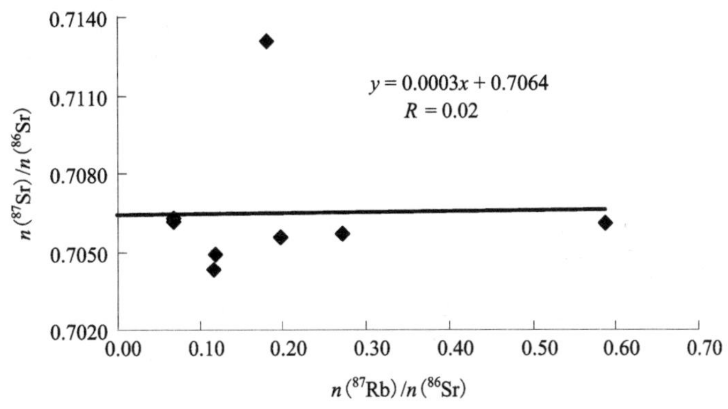

图 5 - 11　Y_1 岩体闪长岩的铷锶等时线年龄

综上所述，Y_1岩体各岩相带的铷锶等时线年龄为 288 ~ 316 Ma，在分析误差范围内铷锶同位素年龄值基本相当。其中近矿围岩橄榄苏长岩相的铷锶等时线年龄 288 Ma 与黑云母稀释法的钾 - 氩年龄 284 Ma 相当。而苏长岩相铷锶等时线年龄 309 Ma、混染苏长岩相的等时线年龄 302 Ma 和辉绿辉长岩相的等时线年龄 316 Ma，相对偏高。由于辉绿辉长岩属边缘相，混染苏长岩中有较多的围岩捕虏体，冷却速度较快，受混染作用的影响较大，其年龄值可能略微偏高。相反，橄榄苏长岩位于 Y_1岩体的中心部位，加上深部岩浆房分异的矿浆贯入作用的影响，冷却速度相对较缓慢，其铷锶同位素年龄值可能偏低。因此，Y_1 岩体的形成年龄应该为 288 Ma 至 309 Ma，这一特征与岩体侵位于下石炭统南明水组中的地质事实是相一致的。总之，Y_1岩体各岩相带的铷锶等时线年龄和初始锶比值在分析误差范围内基本相一致，说明 Y_1岩体应该是单一岩体，而不是复式中基性岩体，这与各岩相带之间没有明显的接触关系相吻合；且矿区东北的苦橄玢岩的铷锶同位素组成与橄榄苏长岩的铷锶同位素组成在铷锶等时线年龄图中，能构成一条相关系数为 0.9927 的等时线，表明 Y_1岩体与苦橄玢岩在成因上具有密切的联系。

5) Y_2 岩体的铷锶同位素组成

Y_2 岩体各岩相带中 7 件样品的铷锶同位素可构成一条等时线（表 5 - 7，图 5 - 12），这 7 件样品的铷锶同位素组成的等时线斜率为 0.0043，初始锶比值为 0.7044，相关系数 R 为 0.9794，其等时线年龄为 302 Ma。根据 Y_2 岩体中细粒闪长岩和辉长岩的全岩样品，采用稀释法测定的钾 - 氩年龄分别为 275.6 Ma 和 306.4 Ma，以及 Y_1岩体中黑云母稀释法测定钾 - 氩年龄为 284 Ma，所有上述这些同位素年龄和本区的地质特征表明：Y_2 岩体形成年龄应该为 300 Ma 左右，形成于 Y_1岩体之前。本岩体的闪长岩、苏长岩、橄榄苏长岩和辉长岩样品的铷锶同位素组成可构成一条相关系数为 0.9794 的铷锶等时线，说明 Y_2 岩体中不同岩性的岩石是同一岩浆源分异结晶形成的；且其各岩相带的冷凝结晶成岩的时间相对间隔不长。

表 5-7 Y_2 岩体的铷锶同位素组成

序号	样号	位置	$n(^{87}Sr)/n(^{86}Sr)$	$n(^{87}Rb)/n(^{86}Sr)$	备注
39	IR-153	202/27-239	0.18183	0.70512	$y=0.0043x+0.7044$ $R=0.9794$ $t=302$ Ma
40	IR-154	202/27-252	0.18695	0.70512	
41	IR-155	202/27-387	0.24329	0.70545	
42	IR-156	202/27-486	0.23258	0.70540	
43	IR-157	202/27-608	0.14818	0.70505	
44	IR-164	231/35-653	0.14510	0.70503	
45	IR-166	218/35-642	0.24267	0.70542	

表中原始数据引自王润民[17]。

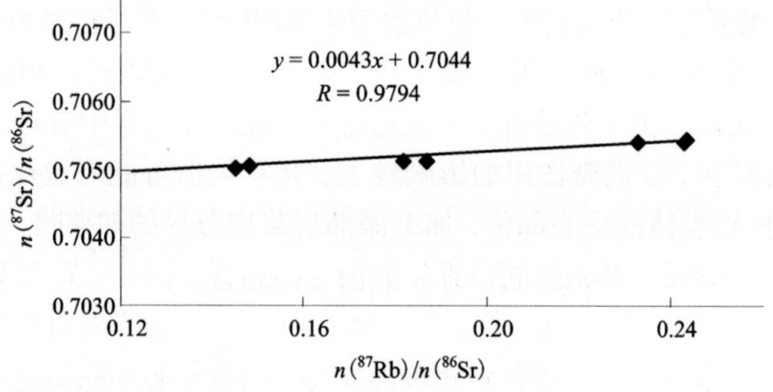

图 5-12 Y_2 岩体的铷锶等时线年龄

6) Y_3岩体的铷锶同位素组成

表 5-8 Y_3岩体的铷锶同位素组成

序号	样号	位置	$n(^{87}Sr)/n(^{86}Sr)$	$n(^{87}Rb)/n(^{86}Sr)$	备注
46	IR-158	302/71-226	0.32582	0.70524	$y=0.0042x+0.7039$ $R=0.9929$ $t=295$Ma
47	IR-160	302/71-407	0.23613	0.70487	
48	IR-161	302/71-448	0.28025	0.70505	
49	IR-162	302/71-483	0.27664	0.70500	

表中原始数据引自王润民[17]。

Y_3岩体各岩相带中 4 件样品的铷锶同位素可构成一条相关系数为 0.9929 的等时线（表 5－8，图 5－13），该铷锶同位素等时线斜率为 0.0042，初始锶比值为 0.7039，其等时线年龄为 295Ma。如前所述，Y_2 岩体中细粒闪长岩和辉长岩的全岩样品，采用稀释法测定的钾－氩年龄分别为 275.6 Ma 和 306.4 Ma，而 Y_1 岩体中黑云母稀释法测定的钾－氩年龄为 284 Ma，根据这些岩体的成岩年龄特征和本区的地质特征表明：Y_3岩体形成年龄应该在 300 Ma 左右，形成于 Y_1 岩体之前，与 Y_2 岩体形成年龄相近。本岩体的闪长岩、苏长岩、橄榄苏长岩样品的铷锶同位素组成可构成一条相关系数为 0.9929 的铷锶等时线，说明 Y_2 岩体中不同岩性的岩石是同一岩浆源分异结晶形成的；且各岩相带的冷凝结晶成岩的时间相对间隔较短。

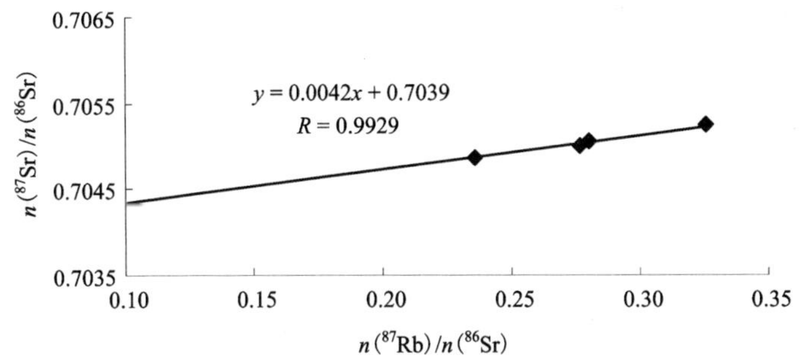

图 5－13　Y_3 岩体的铷锶等时线年龄

综上所述，本矿区 Y_1、Y_2、Y_3岩体的铷锶等时线年龄和初始锶比值，在分析误差范围内基本一致，说明这 3 个岩体是同源母岩浆熔离分异的产物，分异后的熔浆上侵形成 Y_2和 Y_3岩体，稍后侵位形成 Y_1岩体。

7）本区主要含矿岩体的围岩的铷锶同位素组成

矿区范围内 9 件沉凝灰岩的锶含量为 154～1550 μg/g，铷含量为 3.6～118 μg/g（表 5－9），它们的变化范围相对很大。这些沉凝灰岩样品的铷锶同位素组成，可构成一条相关系数为 0.9889 的等时线（图 5－14），该铷锶等时线的斜率为 0.0043，初始锶同位素比值为 0.7039，铷锶等时线年龄为 302 Ma。由于含矿岩体侵位于沉凝灰岩中，上述样品采于岩体的近围，受到这些岩体侵位带来的热量的影响，因此其铷锶等时线年龄应该小于沉凝灰岩的成岩年龄，即沉凝灰岩的成岩年龄必然大于岩体的成岩年龄，所以沉凝灰岩的形成时代应当大于 310 Ma。

表 5-9　喀拉通克含矿岩体围岩的铷锶同位素组成

序号	样号	位置	$n(^{87}Sr)/n(^{86}Sr)$	$n(^{87}Rb)/n(^{86}Sr)$	备注
50	IR-166	158/26-204	0.14903	0.70499	$y=0.0043x+0.7044$ 相关系数=0.9889 $t=302$Ma
51	IR-163	158/26-117	2.21967	0.71368	
52	IR-142	152/30-200	0.02857	0.70368	
53	IR-013	157/28-345	0.00893	0.70369	
54	IR-165	218/35-634	0.96224	0.70778	
55	IR-038	157/28-57	0.05436	0.70453	
56	IR-023	155/28-160	0.03137	0.70486	
57	IR-091C	152/30-236	0.04468	0.70398	
58	DK	苦橄玢岩	0.17293	0.70392	

表中原始数据引自王润民[17]。

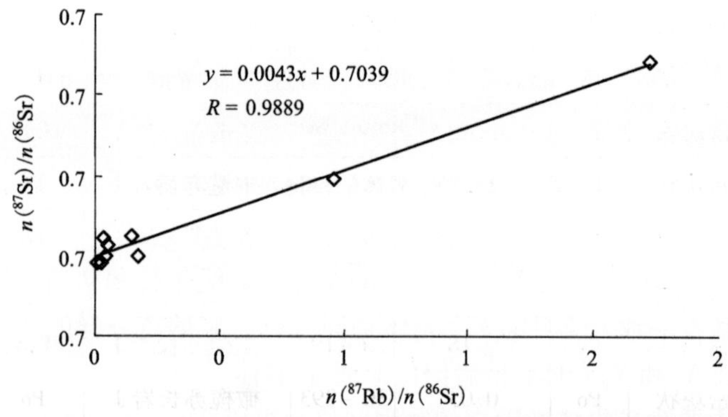

图 5-14　喀拉通克含矿岩体的围岩的铷锶等时线年龄

2. 硫同位素特征

硫同位素组成是判定成矿物质硫来源的最有效手段，不同的 $\delta^{34}S$ 值代表了不同的硫的来源：$\delta^{34}S_{CDT}$ 值集中在零值附近者多为地幔来源的硫，$\delta^{34}S_{CDT}$ 值在 20‰左右代表海水硫酸盐中的硫，$\delta^{34}S$ 值为较大负值时表示开放条件下细菌还原成因的硫，$\delta^{34}S$ 值为 5‰~15‰者代表硫的来源较复杂[80-81]；硫化物作为金的重要矿化剂之一，其地球化学行为与金的迁移、沉淀有密切联系，因此依据矿床的硫同位素组成与变异规律，可以确定矿化剂的来源与成矿作用发生的物理化学条件[82-84]。

王润民等在喀拉通克 Y_1、Y_2 和 Y_3岩体的矿体和围岩中，采集分析了近百件硫同位素样品；分析结果(表 5－10)表明：本矿区的 $\delta^{34}S$ 值为 －3.49‰～ +3.00‰，变化范围很小，平均值为 0.229‰，具有明显的塔式分布效应，塔峰在零值附近，明显具有陨石硫特征，说明硫主要来自地幔。

表 5－10　喀拉通克铜镍硫化物矿床中矿石及围岩的硫同位素结果

样号	矿石类型	矿物	$\delta^{34}S$/‰	样号	矿石类型	矿物	$\delta^{34}S$/‰
24－293	致密块状	Po	0.59	35－94	致密块状	Po	－0.26
24－293	致密块状	Cpy	0.40	35－94	致密块状	Cpy	－0.69
24－302	致密块状	Po	0.71	35－94	致密块状	Py	－1.12
24－302	致密块状	Cpy	0.50	CM－407	致密块状	Cpy	－0.20
24－311	致密块状	Py	1.41	CM－407	致密块状	Po	－0.35
24－311	致密块状	Po	0.71	26－345	浸染状	Py	0.85
24－341	致密块状	Py	1.59	26－345	浸染状	Po	0.16
24－341	致密块状	Po	－0.25	26－239	橄榄苏长岩 J	Py	0.83
24－352	致密块状	Py	0.16	26－239	橄榄苏长岩 J	Po	0.27
24－352	致密块状	Po	0.00	26－239	橄榄苏长岩 J	Cpy	－0.42
26－292	致密块状	Py	1.59	26－248	橄榄苏长岩 J	Py	0.84
26－292	致密块状	Po	－0.26	26－248	橄榄苏长岩 J	Po	－0.14
26－292	致密块状	Cpy	－0.30	30－197	橄榄苏长岩 J	Py	0.25
26－343	致密块状	Py	0.18	30－197	橄榄苏长岩 J	Cpy	－0.71
26－343	致密块状	Po	0.03	30－293	橄榄苏长岩 J	Po	0.80
26－347	致密块状	Po	0.17	30－293	橄榄苏长岩 J	Cpy	－1.51
26－347	致密块状	Cpy	－0.25	32－173	橄榄苏长岩 J	Py	0.65
26－344	致密块状	Py	0.85	32－173	橄榄苏长岩 J	Po	0.53
26－344	致密块状	Po	0.46	27－486	橄榄苏长岩 J	Po	0.25
26－291	致密块状	Cpy	0.64	3－44	橄榄苏长岩 J	Po	－0.59
26－291	致密块状	Po	0.82	3－44	橄榄苏长岩 J	Cpy	－0.36
26－330	致密块状	Py	1.43	35－90	橄榄苏长岩 J	Po	－0.59

续表 5-10

样号	矿石类型	矿物	$\delta^{34}S$/‰	样号	矿石类型	矿物	$\delta^{34}S$/‰
26-330	致密块状	Po	0.68	35-90	橄榄苏长岩 J	Cpy	0.34
28-218	致密块状	Po	0.36	CM-406	橄榄苏长岩 J	Po	-0.57
28-268	致密块状	Po	0.79	CM-406	橄榄苏长岩 J	Cpy	-1.02
28-268	致密块状	Cpy	0.60	19-72	苏长岩 J	Po	-0.24
28-290	致密块状	Po	1.20	19-72	苏长岩 J	Cpy	-0.34
28-290	致密块状	Cpy	-0.34	27-608	苏长岩 J	Po	0.37
28-293	致密块状	Py	1.25	3-25	辉长岩 J	Po	0.62
28-293	致密块状	Po	-0.34	3-25	辉长岩 J	Cpy	0.04
28-304	致密块状	Po	1.10	71-66	辉长岩 J	Po	-0.42
28-304	致密块状	Cpy	-0.16	71-66	辉长岩 J	Cpy	0.03
28-330	致密块状	Po	0.80	71-76	辉长岩 J	Po	-0.29
28-330	致密块状	Cpy	0.62	71-76	辉长岩 J	Cpy	-0.27
28-275	致密块状	Po	1.27	30-243	黄铁矿脉	Po	0.32
28-275	致密块状	Cpy	0.84	28-410	蚀变岩中	Py	0.43
28-280	致密块状	Po	1.72	30-236	磁黄铁矿脉	Po	-0.50
28-340	致密块状	Po	1.84	30-243	细脉状矿石	Po	-1.50
28-340	致密块状	Cpy	1.50	20-310	安山岩捕虏体	Py	-3.30
30-316	致密块状	Po	0.03	32-342	碳质沉凝灰岩细脉	Po	0.80
3-485	致密块状	Po	0.35	26-343	碳质沉凝灰岩细脉	Cpy	-1.54
3-495	致密块状	Po	0.35	26-289	沉凝灰岩	Py	-3.49
3-7	致密块状	Po	0.31	20-337	晚期粗粒	Py	3.00
3-7	致密块状	Cpy	0.74	20-350	晚期粗粒	Py	2.54

表中原始数据引自王润民[17]。

31 件浸染状矿石的硫同位素 $\delta^{34}S$ 值为 -1.51‰~0.85‰，平均为 0.0035‰；其中，15 件磁黄铁矿(Po)的硫同位素组成 $\delta^{34}S$ 值为 -0.59‰~0.62‰，平均为 0.32‰；10 件黄铜矿(Cpy)的硫同位素组成 $\delta^{34}S$ 值为 -1.51‰~0.34‰，平均为 -0.442‰；5 件黄铁矿(Py)硫同位素组成 $\delta^{34}S$ 值为 -0.25‰~0.85‰，平均为 0.64‰(图 5-15)。

致密块状特富矿石的硫同位素组成的 $\delta^{34}S$ 值为 -1.12‰～+1.84‰，平均值为0.491‰；其中，27件磁黄铁矿(Po)的硫同位素组成的 $\delta^{34}S$ 值为 -0.35‰～1.84‰，平均为0.48‰；14件黄铜矿(Cpy)硫同位素组成的 $\delta^{34}S$ 值为 -0.69‰～1.50‰，平均为0.28‰；10件黄铁矿(Py)硫同位素组成的 $\delta^{34}S$ 值为 -1.12‰～1.25‰，平均为0.82‰；

从这两大类矿石的硫同位素组成特征对比可知：浸染状矿石中各种硫化物的硫同位素组的 $\delta^{34}S$ 值均小于致密块状特富矿石中对应的 $\delta^{34}S$ 值；且前者硫化物的平均硫同位素的 $\delta^{34}S$ 值较后者更趋近于零值。这些特征主要由两方面原因引起：一个原因是岩浆在地壳岩浆房中存在的时间越长，壳源硫的混染程度会越高，其硫化物硫同位素的 $\delta^{34}S$ 值就越大，从幔源岩浆熔离分异的熔体，随着它们的先后结晶成岩，它们的硫同位素的 $\delta^{34}S$ 值将逐渐偏离零值。另一原因是 H_2S 和 SO_2 在岩浆熔融体中和热液中的溶解度有差异；在矿体的中上部主要为含黄铜矿较高的致密块状特富矿石和高铜特富矿石，其中相对富含金、银、铂、钯、硒等元素，而这些元素的地球化学特点，表明形成致密块状特富矿和致密块状高铜特富矿的成矿熔体局部具有较明显的热液性质，有利于溶解相对富含 $\delta^{34}S$ 的 SO_2，所以致密块状特富矿石比浸染状矿石的 $\delta^{34}S$ 值高。

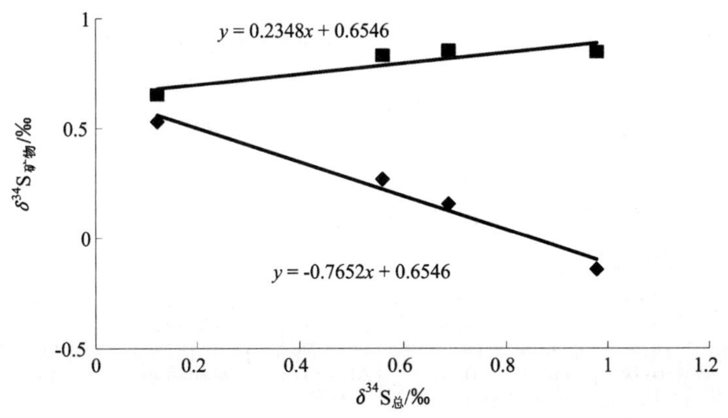

图5-15 浸染状矿石中共生黄铁矿-磁黄铁矿的 $\delta^{34}S_{矿物}$ 和 $\delta^{34}S_{总}$ 关系图

上述各类矿石中黄铁矿的 $\delta^{34}S$ 值为 -1.12‰～+1.59‰，极差为2.71‰，多数样品集中于0.16‰～1.59‰，15件样品的平均值为0.746‰；磁黄铁矿的 $\delta^{34}S$ 值为 -0.59‰～+1.84‰，极差达2.43‰，大部分样品集中于 -0.35‰～+0.82‰，41件样品的 $\delta^{34}S$ 平均值为0.325‰；黄铜矿的 $\delta^{34}S$ 值为 -1.51‰～+1.50‰，极差为3.01‰，多数样品集中于 -0.71‰～0.84‰，16件样品的硫同位素平均值为 -0.013‰，上述硫同位素具有明显的富集顺序，说明多数情况下矿物间达到硫同位素平衡。

根据浸染状矿石中4对共生的黄铁矿－磁黄铁矿的硫同位素资料，求得总硫同位素平均组成为0.65‰(图5－15)。

致密块状特富矿石中5对共生的黄铁矿－磁黄铁矿的硫同位素组成求得总硫同位素平均值为0.0358‰(图5－16)，这些共生矿物对求得的总硫同位素平均值基本一致，接近陨石硫的同位素组成，说明致密块状特富矿石和浸染状矿石的硫源相同，都主要来源于幔源岩浆，是从地幔岩浆中熔离分异出来的。

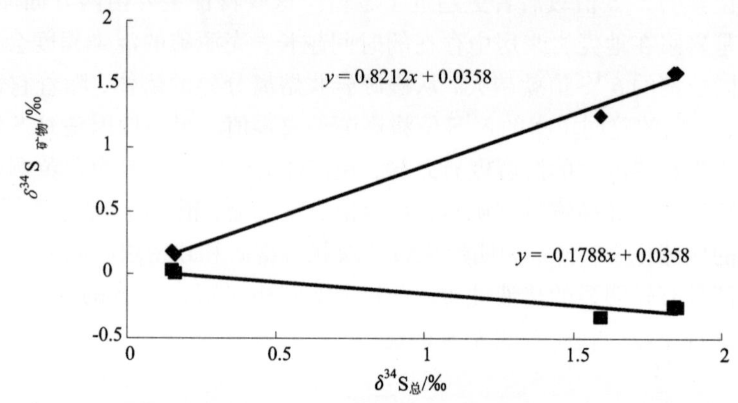

图5－16 浸染状矿石中共生黄铁矿－磁黄铁矿的$\delta^{34}S_{矿物}$和$\delta^{34}S_{总}$关系图

另外，Y_2岩体的硫同位素组成为0.25‰～0.37‰，Y_3岩体的硫同位素组成为0.35‰，这两个岩体中的磁黄铁矿样品的硫同位素组成类似Y_1岩体，这也同样意味着这三个岩体的硫化物具有共同的硫源。

3. 矿石的铅同位素特征

本区Y_1岩体岩石铅同位素组成：$n(^{206}Pb)/n(^{204}Pb)=17.903\sim18.408$；$n(^{207}Pb)/n(^{204}Pb)=15.605\sim15.432$，$n(^{208}Pb)/n(^{204}Pb)=37.474\sim37.525$；与洋岛玄武岩近似；说明成岩物质来自深部地幔。

矿石中的12件黄铁矿、磁黄铁矿和黄铜矿样品的铅同位素组成如表5－11所示，其大致分为两群：晚期黄铁矿相对富含放射成因铅，铀铅落在克拉通化的地壳铅范围内，钍、铅位于岛弧铅内；这可能与该黄铁矿形成时间较晚，遭受了地壳铅的污染有关。

上述铅同位素组成，利用Doe(1974)的单阶段铅参数，计算出本区的模式年龄为56～354 Ma(表5－11)，从表中可以看出，除晚期黄铁矿模式年龄为56 Ma外，浸染状矿石的模式年龄为352 Ma和354 Ma，致密块状特富矿石的模式年龄明显集中于313～338 Ma和230～255 Ma两个时间段。

表 5-11　喀拉通克铜镍矿床铅同位素组成及其特征参数

样品编号	矿石类型	矿物名称	$n(^{206}Pb)/n(^{204}Pb)$	$n(^{207}Pb)/n(^{204}Pb)$	$n(^{208}Pb)/n(^{204}Pb)$	Φ	年龄/Ma	$n(^{238}U)/n(^{204}Pb)$	$n(^{232}Th)/n(^{204}Pb)$	$n(Th)/n(U)$	$n(U)/n(Pb)$	$n(Th)/n(Pb)$
157/28-221	块状矿石	黄铜矿	17.922	15.433	37.524	0.596538	314	8.74	33.503	3.81	0.1225	0.46673
157/28-272	块状矿石	黄铜矿	17.912	15.447	37.548	0.698837	338.5	8.73	33.733	3.84	0.1223	0.4696
157/28-330	块状矿石	磁黄铁矿	17.958	15.467	37.610	0.597979	329	8.78	33.796	3.82	0.1221	0.4664
157/28-304	块状矿石	磁黄铁矿	17.975	15.433	37.632	0.598657	336.5	8.79	34.242	3.87	0.1228	0.4752
160/26-330	块状矿石	磁黄铁矿	17.944	15.445	37.594	0.596395	313	8.76	33.925	3.84	0.1226	0.4708
159/26-347	块状矿石	磁黄铁矿	17.893	15.432	37.474	0.598402	334	8.72	33.407	3.80	0.1223	0.4647
155/28-235	浸染状矿	磁黄铁矿	17.923	15.465	37.582	0.60016	352	8.76	33.808	3.83	0.1226	0.4696
151/30-336	浸染状矿	磁黄铁矿	18.007	15.517	37.813	0.60034	354	8.83	34.271	3.91	0.1230	0.4809
162/24-293	块状矿石	磁黄铁矿	18.323	15.605	38.521	0.589064	230	9.15	37.724	4.09	0.1256	0.5133
13/28-342	块状矿石	磁黄铁矿	18.379	15.658	38.525	0.591074	254.6	9.21	37.740	4.07	0.1261	0.5133
159/26-344	块状矿石	黄铁矿	18.408	15.670	38.375	0.590704	251	9.23	37.111	3.99	0.1266	0.5050
160/26-343	晚期矿脉	黄铁矿	18.656	15.658	38.516	0.573751	56	9.49	37.403	3.94	0.1285	0.5603

表中数据引自王润民[17]。

致密块状特富矿的早阶段模式年龄为 313 ~ 338 Ma，与浸染状矿石的模式年龄 352 ~ 354 Ma 相近，高于 Y_1 岩体的形成年龄 288 ~ 309Ma，推测其可能代表本区中基性岩体源区铅与铀、钍发生分离的时间；而致密块状特富矿的晚阶段模式年龄为 230 ~ 255 Ma，可能是由于特富矿受后期热液作用的影响而使其模式年龄偏低。

浸染状矿石和大多数致密块状特富矿石的铅同位素组成很稳定，二者基本相同，均属正常铅，其中浸染状矿石铅同位素组成：$n(^{206}Pb)/n(^{204}Pb)=17.923\sim18.007$；$n(^{207}Pb)/n(^{204}Pb)=15.465\sim15.517$，$n(^{208}Pb)/n(^{204}Pb)=37.582\sim37.813$；致密块状特富矿石的铅同位素组成：$n(^{206}Pb)/n(^{204}Pb)=17.893\sim17.975$；$n(^{207}Pb)/n(^{204}Pb)=15.432\sim15.483$，$n(^{208}Pb)/n(^{204}Pb)=37.474\sim37.632$；它们非常类似于夏威夷胡拉莱碱性玄武岩的铅同位素组成：$n(^{206}Pb)/n(^{204}Pb)=17.903\sim17.918$；$n(^{207}Pb)/n(^{204}Pb)=15.429\sim15.439$，$n(^{208}Pb)/n(^{204}Pb)=37.686\sim37.147$；同样，它们也接近于中大西洋、东太平洋和中印度洋的 11 件洋脊拉斑玄武岩的平均铅同位素组成：$n(^{206}Pb)/n(^{204}Pb)=18.125$；$n(^{207}Pb)/n(^{204}Pb)=15.455$，$n(^{208}Pb)/n(^{204}Pb)=37.753$。本区的浸染状矿石、致密块状特富矿石以及致密块状高铜特富矿石，它们的铅同位素组成几乎没有什么差别，均落在大洋火山岩铅的同位素组成范围内；这些特征，说明这些矿石的铅来源相同，都是从地幔玄武岩浆中分离出来的。

本区形成中基性岩体的岩浆具有相对贫铀、钍，富铅的特点；根据计算，源区 $n(U)/n(Pb)=0.12515\sim0.12582$，$n(Th)/n(Pb)=0.47666\sim0.49311$，$n(Th)/n(U)=3.81\sim3.92$，$n(^{238}U)/n(^{204}Pb)=8.80\sim8.91$，$n(^{235}U)/n(^{204}Pb)=0.06382\sim0.06462$，$n(^{232}Th)/n(^{204}Pb)=33.747\sim35.177$。与 Doe 等(1979)估计的地幔值[$n(U)/n(Pb)=0.125$、$n(Th)/n(Pb)=0.475$、$n(Th)/n(U)=3.8$、$n(^{238}U)/n(^{204}Pb)=8.905$、$n(^{232}Th)/n(^{204}Pb)=31.79$]完全一致；上述比值变化范围很小，表明源区铀、钍、铅含量及其同位素成分分布很均匀，且基本没有受地壳铅的污染。这意味着 Y_1 岩体中的硫化物矿浆在深部中间岩浆房熔离出来后，沿着原含矿岩浆侵位的通道贯入 Y_1 号岩体中。即含矿岩浆的通道就是矿浆的通道，矿浆是在含矿岩浆侵位后不久贯入的。

另外 3 件致密块状特富矿石样品的铅同位素组成为：$n(^{206}Pb)/n(^{204}Pb)=18.323\sim18.408$，$n(^{207}Pb)/n(^{204}Pb)=15.605\sim15.670$，$n(^{208}Pb)/n(^{204}Pb)=38.375\sim38.525$，它们落于岛弧铅的范围内，这可能是受岩浆后期热液阶段的影响所致；其模式年龄为 230 ~ 255 Ma，可认为是矿浆贯入形成致密块状特富矿的时间；根据该时间可计算出：$n(U)/n(Pb)=0.1256\sim0.1266$，$n(Th)/n(Pb)=0.5050\sim0.5133$，$n(Th)/n(U)=3.99\sim4.09$，$n(^{238}U)/n(^{204}Pb)=9.15\sim9.23$，$n(^{232}Th)/n(^{204}Pb)=37.111\sim37.740$。与前面样品相比，这 3 件样品含有较多的

铀铅和钍铅，表明受到了地壳铅的轻微污染。

4. 矿区的碳、氢、氧同位素特征

碳、氢、氧同位素可以用于探讨成矿流体来源及物理化学条件，前人在这方面作了大量研究[78, 84, 86-90]。

本区 Y_1 岩体各岩相带岩石的氧同位素（表 5-12）变化明显，橄榄苏长岩的 $\delta^{18}O_{SMOW}‰$ 为 5.47，Kyser[91] 根据地幔包体、深成橄榄岩等资料总结地幔的 $\delta^{18}O_{SMOW}‰$ 为 5～7，Eiler 等[92] 测得的洋岛玄武岩橄榄石斑晶的 $\delta^{18}O_{SMOW}‰$ 为 5.0～5.4，三者基本一致，说明橄榄苏长岩的氧同位素具有典型幔源特征；而其他岩相带中的岩石随其基性程度降低，氧同位素组成增高（表 5-12），最高的闪长岩的 $\delta^{18}O_{SMOW}‰$ 为 8.98～9.62；其各类岩石的氧同位素组成相差 4.15，这说明岩浆结晶分异之后，曾有过氧同位素交换，也说明了岩浆曾经遭受过地壳物质的混染，这种情况与岩体上部、边部含有较多的围岩捕虏体的现象相一致。

表 5-12　Y_1 岩体不同岩性的氧同位素和锶同位素初始比值表

样品编号	样品名称	$\delta^{18}O_{SMOW}/‰$	$(^{87}Sr/^{86}Sr)_{初始}$
Ir-020	辉石闪长岩	9.62	0.70385
Ir-150	闪 长 岩	8.98	0.70472
Ir-056	辉绿辉长岩	8.54	0.70419
Ir-003	（混染）苏长岩	7.53	0.70449
Ir-004	苏 长 岩	7.44	0.70371
Ir-138	橄榄苏长岩	5.47	0.70326
Ir-038	围岩捕虏体	7.33	0.70430

表中原始数据引自王润民[17]。

本区各类矿石的碳、氢、氧同位素组成如表 5-13 所示。从表 5-13 中可见：本区致密块状特富矿石中方解石的碳同位素组成 $\delta^{13}C_{PDB}‰$ 值最大，为 -4.783～-4.929，而其氧同位素组成 $\delta^{18}O_{SMOW}‰$ 最小，为 1.714～3.637。与之相反，角岩中方解石的碳同位素组成 $\delta^{13}C_{PDB}‰$ 值最小，为 -6.415～-8.442，而其氧同位素组成 $\delta^{18}O_{SMOW}‰$ 最高，为 10.620～14.877。基性岩体中的方解石的碳同位素组成则处于它们之间，其中蚀变岩石中的方解石的碳同位素 $\delta^{13}C_{PDB}‰$ 为 -3.915～-5.772，氧同位素 $\delta^{18}O_{SMOW}‰$ 为 9.435～12.832，均略大于相应未蚀变岩石中的方解石的同位素值：$\delta^{13}C_{PDB}‰ = -4.970 \sim -8.100$，$\delta^{18}O_{SMOW}‰ = 8.721 \sim 12.361$。另外，闪长岩中的方解石的氧同位素组成 $\delta^{18}O_{SMOW}‰$ 要高于辉绿辉长岩、苏长岩和橄榄苏长岩中的氧同位素组成值。

本区矿石中碳酸盐的 $\delta^{13}C_{PDB}$‰为 -2.217 ~ -8.100，特别是集中分布于 -4.783 ~ -6.581。Galimov[56] 总结大部分金刚石的碳同位素 $\delta^{13}C_{PDB}$‰值为 -2 ~9，两者数值基本一致；表明碳主要来源于地幔。氧同位素的特征则进一步说明岩浆期后成矿流体中有地壳物质加入。

表 5-13 Y_1 岩矿体及围岩中碳酸盐矿物的碳、氢、氧同位素组成

样品地质产状	$\delta^{13}C_{PDB}$/‰	$\delta^{18}O_{PDB}$/‰	$\delta^{18}O_{SMOW}$/‰
近矿橄榄苏长岩中的方解石-石英脉	-2.217	-24.038	6.080
闪长岩中的石英-方解石脉	-6.825	-18.574	11.713
苏长岩中的方解石	-6.55	-17.941	12.361
苏长岩底部的方解石脉	-6.964	-19.539	10.718
橄榄苏长岩中的斑点方解石	-8.10	-20.660	9.562
橄榄苏长岩中的方解石脉	-6.923	-21.416	8.721
闪长岩中的方解石脉	-4.970	-18.244	12.053
辉绿辉长岩中的方解石脉	-7.129	-19.037	11.236
混染苏长岩中的方解石脉	-6.581	-20.808	9.410
围岩中的方解石脉	-8.067	-17.326	12.999
角岩中的米黄色方解石脉	-8.442	-15.505	14.877
角岩中的方解石脉	-6.461	-19.627	10.627
角岩中的方解石细脉	-6.416	-16.147	14.215
蚀变苏长岩中的方解石脉	-5.722	-17.488	12.832
蚀变橄榄苏长岩中的方解石脉	-3.915	-20.794	9.435
特富矿中的方解石	-4.783	-26.408	3.637
特富矿中的方解石	-4.929	-28.215	1.714
矿区南部 C_1n^1 结晶灰岩	-0.58	-15.028	15.368
矿区中部 C_1n^{3-1} 结晶灰岩	-6.435	-17.999	12.309
矿区中部 C_1n^1 结晶灰岩	0.03	14.733	15.672

表中原始数据引自王润民[17]。

本矿区各类矿物包裹体中的水的氢同位素组成如表 5-14 所示：δD_{H_2O}‰为 -42.09 ~ -57.49；分布于地幔来源的水的 δD_{H_2O}‰范围[93-96]。

表 5-14　Y_1 岩体中矿物包裹体中的水的氢同位素组成

样品地质产状	测试矿物	δD_{H_2O}(‰)
苏长岩中的方解石脉	方解石	-42.0
辉绿辉长岩中的方解石	方解石	-57.49
致密块状特富矿	磁黄铁矿	-45.41
石英-方解石脉	方解石	-56.61

表中原始数据引自王润民[17]。

上述的碳、氢、氧同位素组成，均表明本矿区基性岩体和成矿物质主要来源于深部地幔；幔源岩浆对形成岩浆型铜镍硫化物矿床极为有利。这与本区铷锶同位素组成和硫、铅同位素组成得出的结论相一致。

5.2.3　稀土元素特征

稀土元素地球化学在最近几十年内得到广泛应用，通过研究稀土元素地球化学特征来示踪有关地质作用的过程、判别地质体的成因、探讨有关地球与天体的演化等已成为稀土元素地球化学发展的重要方向，目前稀土元素地球化学的研究与应用几乎涉及了地球科学的各个领域及一些相关学科的众多领域，国内外所积累的这方面的素材极为丰富[93, 97-104]。

本书较详细地对各含矿岩体和沉凝灰岩进行了稀土元素分析。本区中基性岩体中岩石的稀土元素含量如表 5-15 所示，由表 5-15 可知其稀土元素的总量(ΣREE)为 55.41 ~ 259.57 μg/g，轻重稀土比值均大于 3.09，一般为 4 ~ 10，只有 Y_6岩体的强风化闪长岩样品的轻重稀土比值为 38.78；除 Y_7岩体的 1 号样品有明显的铕异常外，其他样品的铕异常均不明显，δEu 为 0.68 ~ 1.07，绝大部分样品的 δEu 值在 0.84 左右；δCe 值为 0.82 ~ 1.03，说明铈异常不明显。

1. Y_1岩体的稀土元素组成特征

Y_1岩体的稀土元素的总量(ΣREE)为 76.03 ~ 157.41 μg/g，轻重稀土比值为 4.88 ~ 10.23，各样品的 δEu 为 1.06 ~ 0.87，铕异常不明显；δCe 值为 0.87 ~ 0.94，说明铈异常也不明显。

表 5－15　喀拉通克铜镍矿床各类岩(矿)石的稀土元素含量(10^{-9})和特征值表

样号	样品名称	La	Ce	Pr	Nd	Sm	Eu	Gd	Tb	Dy	Ho	Er	Tm	Yb	Lu	Y	REE	L/G	δEu	Eu/Sm	δCe
Y_1-6	特富矿	0.30	0.51	0.04	0.26	0.05	0.02	0.09	0.01	0.05	0.01	0.03	0.01	0.03	0.01	0.20	1.61	5.11	0.90	0.40	0.96
Y_1-15	特富矿	0.92	1.80	0.21	0.84	0.18	0.05	0.18	0.03	0.14	0.03	0.08	0.01	0.07	0.01	0.67	5.23	7.21	0.84	0.28	0.93
Y_1-40	特富矿	0.27	0.47	0.07	0.23	0.06	0.02	0.08	0.01	0.06	0.01	0.03	0.01	0.03	0.01	0.19	1.54	4.87	0.88	0.33	0.79
Y_1-8	高铜特富矿	0.65	1.23	0.09	0.47	0.10	0.04	0.09	0.01	0.07	0.02	0.04	0.01	0.03	0.01	0.33	3.18	9.52	1.26	0.40	1.06
Y_1-27	富矿	2.33	5.50	0.63	2.61	0.58	0.19	0.45	0.08	0.40	0.08	0.21	0.03	0.18	0.03	1.81	15.11	8.09	1.10	0.33	1.05
Y_1-10	贫矿	9.99	24.12	3.70	14.45	3.49	1.19	3.43	0.56	3.18	0.61	1.78	0.27	1.59	0.24	16.47	85.07	4.88	1.04	0.34	0.93
Y_1-36	矿化辉长岩	10.65	23.59	3.46	13.38	2.99	1.01	2.76	0.43	2.32	0.47	1.29	0.19	1.19	0.18	12.11	76.03	6.23	1.06	0.34	0.91
Y_1-33	辉长岩	31.58	57.28	7.13	24.43	4.53	1.22	3.89	0.60	3.40	0.70	2.01	0.31	2.01	0.31	18.01	157.41	9.54	0.87	0.27	0.87
Y_1-16	闪长岩	16.90	39.00	5.55	22.13	5.13	1.70	5.01	0.77	4.71	0.86	2.38	0.36	2.13	0.33	22.31	129.26	5.47	1.01	0.33	0.94
Y_1-46	闪长岩	18.58	41.04	5.97	22.42	4.32	1.30	3.31	0.47	2.47	0.45	1.14	0.18	0.99	0.15	10.53	113.32	10.23	1.01	0.30	0.91
Y_2-1	辉长岩	4.79	15.53	2.42	11.71	3.35	1.21	3.61	0.59	3.72	0.69	1.90	0.27	1.61	0.23	17.13	68.76	3.09	1.06	0.36	1.06
Y_2-2	闪长岩	12.49	25.07	4.04	14.62	3.74	1.20	3.50	0.58	3.41	0.61	1.66	0.25	1.48	0.22	15.19	88.06	5.22	1.00	0.32	0.82
K61－3	橄榄苏长岩	11.67	26.02	2.92	12.51	2.61	0.74	2.16	0.37	1.86	0.36	1.00	0.16	0.96	0.14	9.62	73.10	8.06	0.93	0.28	1.02
K214－58	橄榄苏长岩	10.22	22.69	2.56	11.60	2.40	0.66	2.10	0.33	1.80	0.35	0.95	0.15	0.88	0.14	9.08	65.91	7.48	0.88	0.28	1.02
K202－1	苏长岩	10.15	21.75	2.33	9.96	2.08	0.54	1.76	0.30	1.69	0.33	0.98	0.16	1.08	0.16	8.97	62.24	7.25	0.84	0.26	1.02
K203－5	苏长岩	9.60	20.92	2.27	9.69	2.08	0.54	1.79	0.30	1.67	0.33	0.95	0.16	1.00	0.16	8.72	60.18	7.09	0.84	0.26	1.02
K233－1	苏长岩	11.52	25.23	2.81	12.16	2.51	0.67	2.13	0.34	1.93	0.38	1.09	0.19	1.14	0.18	10.20	72.48	7.44	0.86	0.27	1.02
K216－19	苏长岩	18.98	40.12	4.28	18.87	3.70	0.94	3.16	0.49	2.73	0.55	1.52	0.25	1.50	0.25	14.67	112.01	8.31	0.82	0.25	1.01
K204－6	苏长岩	17.60	36.30	3.94	17.27	3.53	0.96	2.93	0.47	2.57	0.53	1.43	0.24	1.42	0.23	13.89	103.31	8.11	0.89	0.27	0.99
K218－9	辉长岩	19.25	40.82	4.46	19.91	4.13	1.12	3.79	0.60	3.25	0.65	1.77	0.27	1.68	0.32	16.68	118.70	7.27	0.85	0.27	1.00
K215－1	辉长岩	16.56	33.67	3.54	15.73	3.36	0.91	2.86	0.49	2.71	0.53	1.51	0.25	1.48	0.22	14.16	97.98	7.34	0.88	0.27	0.99

续表 5－15

样号	样品名称	La	Ce	Pr	Nd	Sm	Eu	Gd	Tb	Dy	Ho	Er	Tm	Yb	Lu	Y	REE	L/G	δEu	Eu/Sm	δCe
K216－8	闪长岩	20.91	46.51	5.10	24.33	4.84	1.40	4.36	0.70	3.69	0.73	1.96	0.30	1.78	0.28	18.92	135.81	7.47	0.91	0.29	1.03
K204－1	闪长岩	17.17	38.12	4.21	19.76	4.26	1.14	3.72	0.61	3.33	0.63	1.77	0.27	1.57	0.23	16.43	113.22	6.98	0.86	0.27	1.03
K216－3	闪长岩	28.58	60.71	6.38	29.68	6.13	1.53	5.58	0.92	5.05	0.98	2.68	0.42	2.49	0.39	26.29	177.81	7.19	0.79	0.25	1.02
$Y_4－1$	花岗闪长岩	14.03	25.34	3.61	12.74	2.66	0.59	2.54	0.43	2.61	0.56	1.69	0.28	1.96	0.31	15.70	85.04	5.69	0.68	0.22	0.82
$Y_6－1$	强风化闪长岩	75.08	119.90	12.43	34.48	4.52	0.90	2.46	0.33	1.44	0.29	0.76	0.14	0.83	0.13	5.88	259.57	38.78	0.75	0.20	0.85
$Y_7－1$	闪长岩	7.48	14.57	2.16	8.51	2.22	1.18	2.28	0.38	2.14	0.43	1.25	0.19	1.27	0.20	11.15	55.41	4.44	1.59	0.53	0.84
$Y_7－2$	辉长岩	11.50	24.63	3.74	15.39	3.64	1.21	3.88	0.62	3.76	0.70	2.03	0.29	1.81	0.27	18.87	92.34	4.50	0.98	0.33	0.88
$Y_9－1$	闪长岩	13.22	28.70	3.91	14.03	3.54	0.85	3.54	0.60	3.62	0.74	2.22	0.35	2.31	0.36	20.04	98.03	4.68	0.73	0.24	0.93
$Y_9－2$	闪长玢岩	30.53	67.01	9.11	34.41	6.98	2.06	6.23	0.92	4.95	0.95	2.61	0.37	2.29	0.34	24.73	193.49	8.05	0.94	0.30	0.94
X59－1	沉凝灰岩	14.28	22.31	3.89	14.78	3.44	1.69	3.25	0.53	3.06	0.66	1.90	0.29	1.95	0.31	16.93	89.27	5.05	1.52	0.49	0.69
X67－1	沉凝灰岩	12.35	22.53	3.13	11.80	2.47	0.55	2.32	0.39	2.54	0.50	1.61	0.26	1.79	0.29	14.65	77.18	5.45	0.69	0.22	0.83
$Y_{11}－1$	辉长岩	9.07	19.97	2.93	11.72	2.82	1.00	2.86	0.46	2.75	0.50	1.37	0.21	1.23	0.18	12.36	69.43	4.97	1.07	0.35	0.91
1016	正长岩	17.12	27.43	3.51	10.32	1.86	0.42	1.52	0.26	1.41	0.30	0.89	0.15	1.01	0.16	8.29	74.65	10.65	0.74	0.23	0.79
$Y_1－1$	炭质沉凝灰岩	11.90	26.44	4.16	15.66	4.07	1.38	3.86	0.61	3.63	0.66	1.92	0.30	1.92	0.30	16.53	93.34	4.82	1.05	0.34	0.88
$Y_1－30$	角岩化沉凝灰岩	12.96	25.09	3.92	14.00	3.18	0.99	2.87	0.47	2.76	0.57	1.55	0.25	1.62	0.26	14.60	85.09	5.81	0.98	0.31	0.82
$Y_1－11$		22.87	44.84	6.26	22.71	5.25	1.32	4.58	0.74	4.48	0.92	2.82	0.45	2.98	0.47	25.46	146.15	5.92	0.81	0.25	0.87
基性岩		0.37	0.96	0.14	0.71	0.23	0.09	0.31	0.06	0.38	0.09	0.25	0.04	0.25	0.02	2.10					

注：表中编号为 K××的原始数据引自冉红彦(1994)，其他的由湖北省宜昌所分析。

各岩相带稀土元素组成表明：橄榄苏长岩富矿石的稀土总量为15.11 μg/g，明显低于贫矿石和矿化辉长岩的稀土总量(76.03～85.07 μg/g)，更低于辉绿辉长岩的稀土总量(113.32～129.26 μg/g)，和闪长岩相的稀土总量(157.41 μg/g)，但它们的其他稀土特征值相近。稀土总含量随岩石类型的变化趋势与岩浆结晶分异演化趋势相一致，橄榄苏长岩富矿石的稀土总含量偏低，与金属矿物中含稀土元素极少有关。各种岩石的稀土配分模式如图5－17所示；这些岩相带的稀土配分曲线基本平行，均具有明显相似的正镥异常和负镱异常，表明了这些岩相带的亲缘关系。

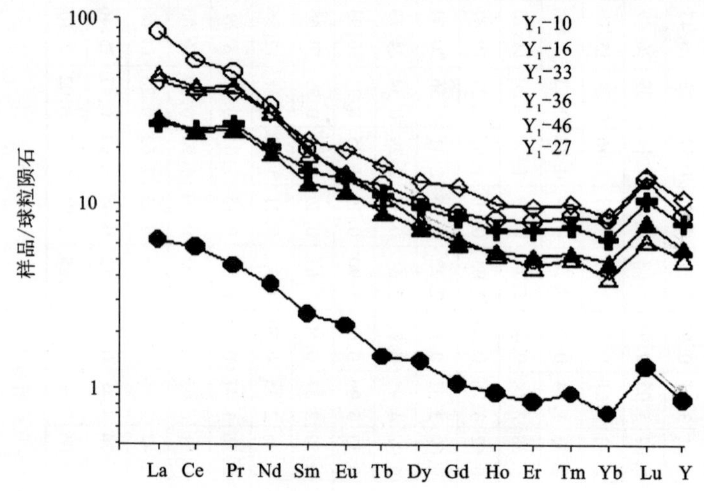

图5－17　Y_1岩体各岩相带样品的稀土配分模式图

2. Y_2岩体稀土元素组成特征

Y_2岩体的稀土元素的总量(ΣREE)为60.18～177.81 μg/g，轻重稀土比值为3.09～8.31，各样品的δEu为0.79～1.06，除2个样品显示不明显正铕异常外，其他样品具有弱的负铕异常。

组成Y_2岩体的各岩相带稀土元素组成表明：

橄榄苏长岩和苏长岩的稀土总量为60.18～112.01μg/g，δEu为0.82～0.93，铕略有亏损，δCe值为0.99～1.02，铈异常也不明显。各样品的稀土配分模式如图5－18所示；其稀土配分曲线平行且密集分布，均具有明显相似的正镥、铥异常和负镱异常。

Y_2岩体的辉长岩相的稀土总量为68.76～118.70μg/g，闪长岩相的稀土总量为88.06～177.81μg/g，各样品的稀土配分模式如图5－19所示；除个别样品外，其稀土配分曲线平行且密集分布，均具有明显相似的正镥、铥异常和负镱异常。

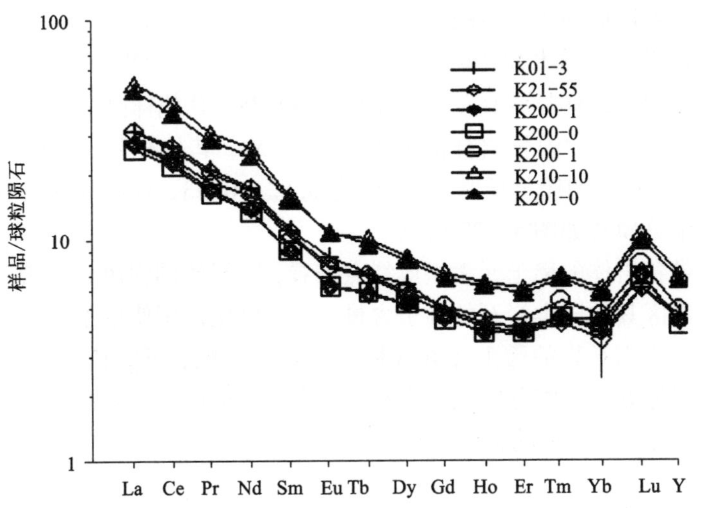

图 5－18　Y_2 岩体橄榄苏长岩相样品的稀土配分模式图

这些样品的稀土元素组成特征表明，橄榄苏长岩相的稀土总量总体低于苏长岩相的稀土总量，两者又明显低于辉长岩相和闪长岩相的稀土总量，而辉长岩相还低于闪长岩相的稀土总量；但它们的其他稀土特征值相近；总体上稀土总含量随岩石类型的变化趋势与岩浆结晶分异演化趋势相一致。

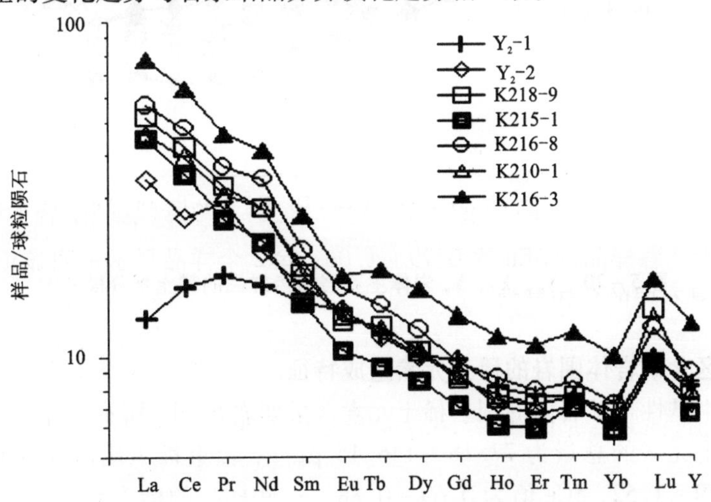

图 5－19　Y_2 岩体各岩相带样品的稀土配分模式图

3. 北岩带岩体的稀土元素组成特征

北岩带各岩体的稀土元素的总量(ΣREE)为55.41～259.57 μg/g，其中，Y_6岩体的强风化闪长岩样品的轻重稀土比值为38.78，其他样品的轻重稀土比值为4.44～8.05；Y_7岩体的闪长岩样品的δEu为1.59，其他样品的δEu均较小，为0.68～0.98，具较弱的铕负异常；δCe值为0.82～0.93，具弱的铈负异常。各种岩石的稀土配分模式如图5－20所示。

从北岩带各岩体的稀土元素组成特点来看，Y_6岩体的强风化闪长岩的稀土总量明显高于本区其他同类岩石的稀土含量，这是风化作用使稀土元素淋滤富集造成的。Y_7岩体中闪长岩的稀土元素含量低于辉长岩的，可能说明Y_7岩体分异不好。但这些岩体的稀土配分曲线基本平行，特别是重稀土元素曲线呈现密集平行分布，且均具有明显相似的正镥异常和负镱异常，表明北岩带各岩体具有一定的亲缘关系。

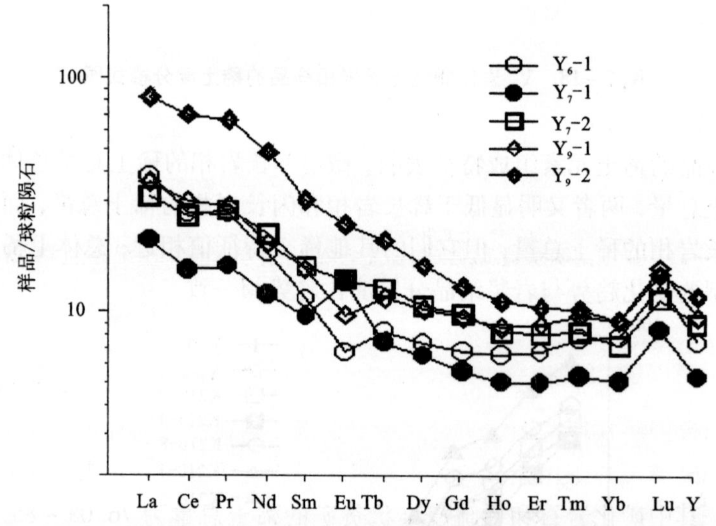

图5－20　Y_6、Y_7、Y_9岩体主要岩相带样品的稀土配分模式图

4. 本区含矿岩体围岩的稀土元素组成特征

本区中基性含矿岩体的围岩稀土元素含量如表5－15所示，由表5－15可见围岩的稀土元素的总量为77.18～146.15 μg/g，轻重稀土比值为4.82～5.92，δEu为0.69～1.52，δCe值为0.69～0.88。这些样品的稀土元素组成特征与Y_2岩体的闪长岩样品的特征极为相似，它们在稀土配分模式图中呈现基本平行的密集曲线(图5－21)，显示出本区南明水组的砂屑沉凝灰岩和碳质沉凝灰岩是由中基性火山物质组成的，其火山物质来源于地幔；只是样品67－1硅质沉凝灰岩的

稀土元素组成与其他样品的相差较大，这可能是与其中的泥质和硅质含量较高有关，其稀土元素组成具有沉积页岩的特征；而样品67－1砂屑沉凝灰岩中含有大量的基性斜长石，在氧化环境下容易富集铕，因而呈现了明显的铕异常。

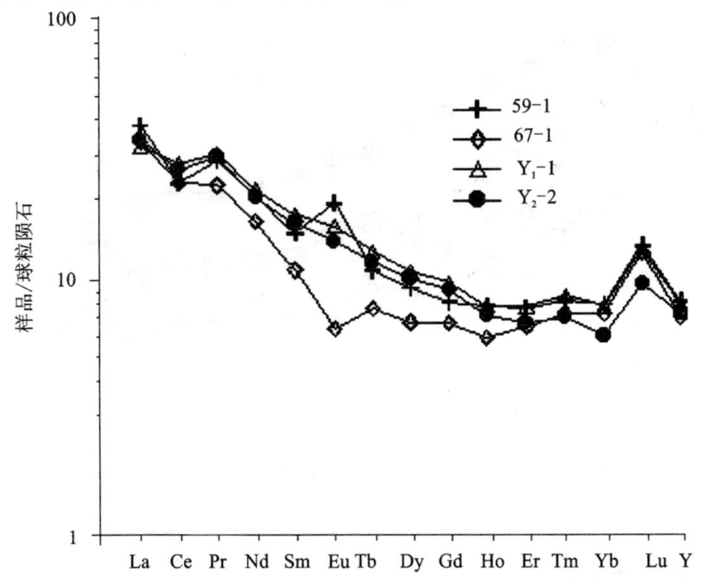

图5－21 矿区南明水组沉凝灰岩样品与 Y_1 岩体样品的稀土配分模式对比图

5. 矿石中稀土元素组成特征

本区各类矿石和矿化岩石中稀土元素总量均不高(见表5－15)，其中稠密浸染状矿石和致密块状特富铜镍矿石的稀土含量与球粒陨石的稀土丰度相当。

本区各类矿石和矿化岩石的稀土元素含量均低于各岩相带未矿化岩石的稀土元素含量。其中矿化岩石和稀疏浸染状贫矿的稀土总量为76.03～85.07 μg/g，明显高于稠密浸染状富矿的稀土总量(15.11 μg/g)，更高于致密块状特富矿的稀土总量(1.54～5.23 μg/g)。

各类浸染状矿石与矿化岩石的稀土元素组成极为相似，在稀土元素配分模式图中为相关性很高的密集曲线，而橄榄苏长岩中富矿石的稀土总量明显低于贫矿石和矿化岩石，贫矿石和矿化岩石的其他稀土特征值相近似；表明各类浸染状矿石是同一岩浆就地结晶分异形成的，其稀土元素含量的差异是由于各类矿石中造岩矿物含量不同引起的，贫矿石和矿化岩石的本质是一致的。致密块状特富矿与上述矿化岩石不仅在稀土总含量上差异较大，而且其他特征值、以及稀土配分模式(图5－22)均存在很大差异，说明致密块状特富矿石不是侵入体分异演化形成的，而是深部岩浆房熔离分异的矿浆后期侵位贯入形成的。

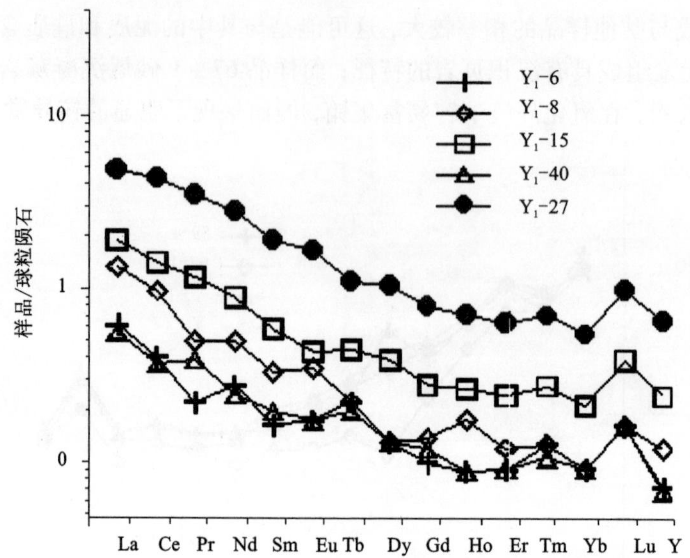

图 5－22 Y_1 矿体中不同矿石类型样品的稀土配分模式图

5.2.4 铂族元素特征

铂族元素(Platinum-group elements 简称 PGE)是重要的贵金属矿产资源[10－12, 105－106]。近 20 年来，由于分析技术的提高和分析数据的积累，人们还逐渐认识到铂族元素在示踪超镁铁质和镁铁质岩石演化与成因上具有不可替代的重要的应用价值[107, 111]。

在地球形成演化历史过程中，由于铂族元素的高度亲铁性，它们早在地球形成初期就向地核富集；地壳岩石中铂族元素含量很低，往往低于一般分析方法的检出线。地壳中发育的富集铂族元素的岩体总是出现在具有特殊研究意义的构造带中，这些岩体来源于地球深部，经历了壳－幔乃至核－幔之间的相互作用进入到地壳并随其冷凝而产生铂族元素的分异[108, 110－111]。因此，铂族元素可以像稀土元素一样成为研究地球动力学、特别是地球深部(包括地幔、壳－幔、核－幔)作用的一种重要手段。

为进一步揭示喀拉通克成岩成矿物质来源和主要含矿岩体之间的内在联系，本书对本区主要含矿岩体和蚀变围岩进行了较详细的铂族元素研究，利用等离子体质普仪(ICP－MS)，采用碲共沉淀法，测定了主要含矿岩体、矿体和围岩的铂族元素含量(表 5－16)。

表 5-16　喀拉通克矿床岩矿石中铂族元素含量(10^{-9})和特征值一览表

样 号	样品名称	Ru	Rh	Pd	Os	Ir	Pt	ΣPGE	Pd/Pt	(Pd+Pt)/(Os+Ir+Ru)	Pt/(Pt+Pd)
Y_1-8	高铜特富矿	37.500	4.300	920	23.500	1.843	700	1687.143	1.31	25.779	0.432
Y_1-15	铜镍特富矿	72.400	5.300	195	16.300	1.535	223	513.535	0.87	4.632	0.533
Y_1-27	稠密状富矿	34.500	3.500	99	10.890	0.560	99	247.450	1.00	4.309	0.500
Y_1-42	浸染状富矿	31.640	0.154	41.840	8.890	0.230	23.850	106.604	1.75	1.612	0.363
Y_1-10	浸染状贫矿	13.800	0.105	20.180	6.458	0.378	14.940	55.861	1.35	1.702	0.425
Y_1-33	矿化闪长岩	30.200	0.038	18.500	8.141	0.130	4.512	61.521	4.10	0.598	0.196
Y_1-36	矿化苏长岩	30.570	0.277	34.260	9.801	0.487	10.990	86.385	3.12	1.107	0.243
Y_2-1	苏长岩	8.130	0.030	8.650	7.840	0.856	6.740	32.246	1.28	0.915	0.438
Y_1-16	闪长岩	18.290	0.062	24.610	15.530	0.081	0.732	59.305	33.62	0.748	0.029
Y_1-46	苏长岩	27.670	0.116	7.151	2.752	0.916	5.781	44.386	1.24	0.413	0.447
Y_1-47	蚀变岩	6.230	0.024	10.480	3.206	1.045	6.247	27.232	1.68	1.596	0.373
Y_7-2	辉长岩	6.088	0.043	11.690	10.940	0.085	2.137	30.983	5.47	0.808	0.155
Y_7-1	闪长岩	13.720	0.074	10.980	22.900	0.060	2.627	50.361	4.18	0.371	0.193
Y_9-2	闪长玢岩	12.680	0.046	13.170	5.776	0.036	0.871	32.579	15.12	0.759	0.062
Y_9-1	闪长岩	8.770	0.040	13.220	15.260	0.029	1.036	38.355	12.76	0.593	0.073
Y_2-2	矿化沉凝灰岩	25.620	0.131	25.300	6.520	0.133	6.360	64.064	3.98	0.981	0.201
Cl 球粒陨石(Mc Donough & Sun, 1995)		710	130	550	490	455	1010				
原始地幔(Mc Donough & Sun, 1995)		5.0	0.9	3.9	3.4	3.2	7.1				

中南大学地质所等离子体质普实验室测试。

在分析计算了本区铂族元素特征值的同时，根据C1提供的球粒陨石推荐值，对本区岩矿石的分析结果进行了标准化，绘制了铂族元素分布模式图。从表5-16和对应的铂族元素分布模式图(图5-23~图5-26)，可以总结出本区铂族元素在岩、矿体中的地球化学特点：

(1)本区岩(矿)石的铂族元素分布曲线形态均为“W”形；其中，Ru、Ir含量相对较低，具有明显的亏损，Pd、Pt含量富集，表明本区各含矿岩体和矿体为同一来源的成岩成矿母岩。这些含矿岩体之间，Y_1和Y_2岩体岩石的铂族元素相似性较高(图5-25)，Y_7和Y_9岩体的铂族元素的相似性更高(图5-26)，进一步说明南北各岩带内部的形成环境和条件更为相近，而南北岩带之间的形成环境和条件存在一定的差异。

(2)Y_1矿体的铂族元素含量，具有随岩(矿)石的矿化程度的增强而增高的特征(图5-23)，其他岩石也具有基本相似的特征(图5-24)。另外，Y_1矿床中，从致密块状高铜特富矿→致密块状特富矿→到稠密浸染状富矿→稀疏浸染状贫矿→岩石，它们中的金属硫化物含量逐步减少，其铂族元素总量也明显降低，表明铂族元素具有显著的亲硫特征，铂族元素的富集与富硫相有关。

(3)致密块状高铜特富矿的铂族元素特征比值Pd/Pt和(Pd+Pt)/(Os+Ir+Ru)分别为1.31和25.779，分别高于致密块状特富矿的相应比值0.87和4.632；这表明它们在成矿过程中的物理化学条件存在较明显的差异；铂钯比值的大小往往能反映热液参与成矿活动的特征，一般热液型铂族矿床具有铂含量高于钯含量的特征(赫尔伯特等，1993)，这表明致密块状高铜特富矿形成于致密块状特富矿之后，前者较后者形成时具有更明显的热液性质，这也进一步与致密块状高铜特富矿的硫同位素组成特征相佐证。(Pd+Pt)/(Os+Ir+Ru)比值的大小可能反映出本区成岩成矿过程中硫化物析出的早晚和形成环境。

(4)本区Y_2岩体为隐伏岩体，其顶部的矿化围岩中的铂族元素含量特征，具有较好的代表性，矿化沉凝灰岩的铂族元素特征与本区岩(矿)体的总体特征相似(图5-25)，但在含量上与Y_2岩体中的苏长岩有一些差别，其Pd/Pt比值为3.98，明显高于苏长岩的1.28，表明围岩中的铂族元素与岩浆后期热液作用关系更为密切。

(5)本区岩(矿)石的铂族元素含量和铜镍含量普遍较高，特别是在Y_1岩体中表现较为明显，这一方面说明，成矿岩体在侵位到当前位置以前，在深部岩浆房进行了深部熔离；另一方面也说明本区的铜、镍、金和铂族元素等很可能来源于下地幔-地核，因为这些高度亲铁性的元素，在地球形成初期就向地核富集，并在随后的演化过程中，这些元素还有向地核富集的趋势。对于像本矿床这样形成于300 Ma左右的岩浆型铜镍矿床，其成矿物质更有可能来源于核-幔边界处。

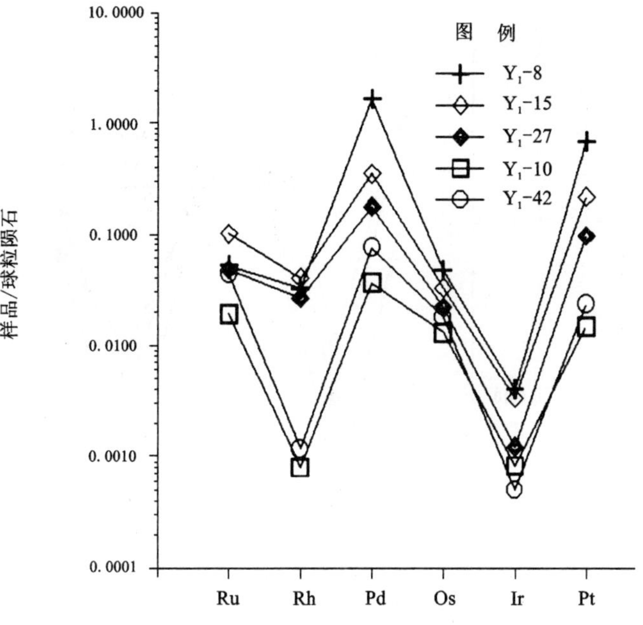

图 5－23　Y_1 矿体铂族元素分布模式图

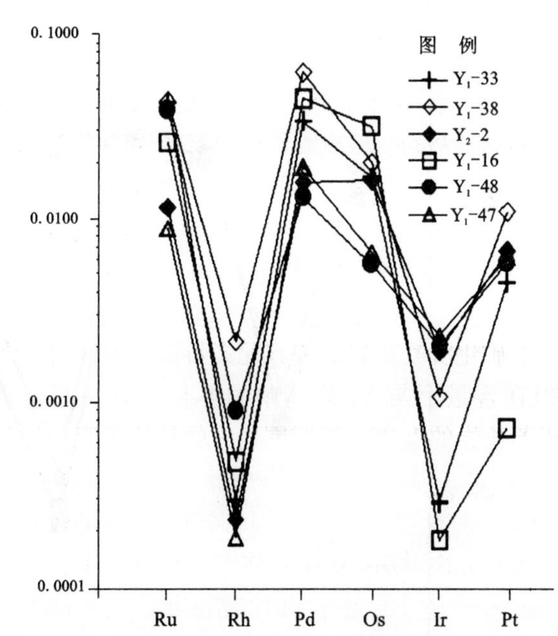

图 5－24　Y_1 矿化岩石铂族元素分布模式图

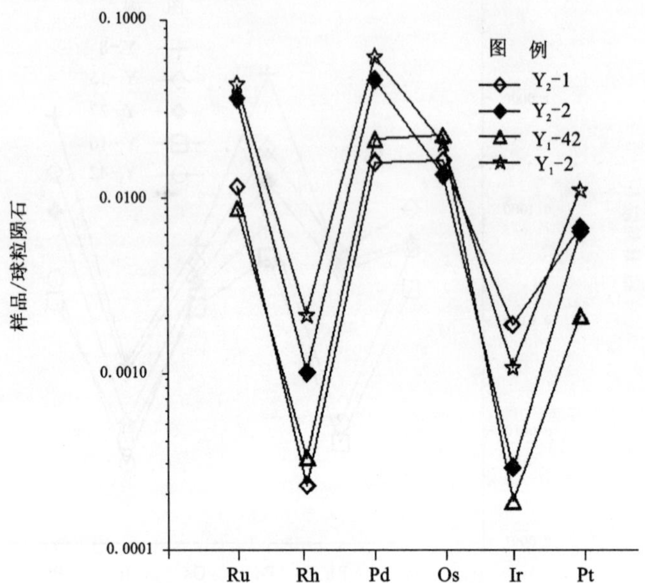

图 5-25 Y_1、Y_2 岩体铂族元素分布模式对比图

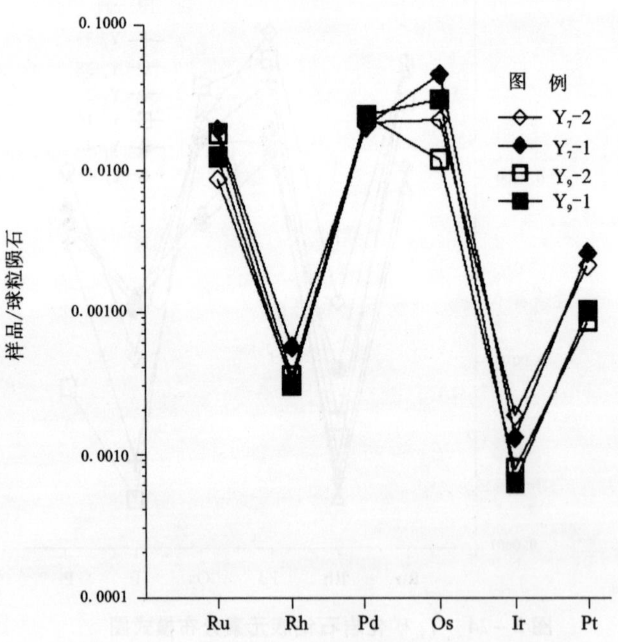

图 5-26 Y_7 和 Y_9 岩体铂族元素分布模式对比图

第 6 章　喀拉通克铜镍矿床成岩成矿模式探讨

在全面研究了本区几个含矿岩体及矿床地质特征的情况下，作者认为本区铜镍硫化物矿床是与基性岩密切相关的岩浆型铜镍硫化物矿床。这些岩体中下部的致密块状特富矿体与岩体中浸染状矿体尽管在空间上存在密切的关系，却往往有明显的地质界面、地球化学界面和物理化学界面，明显表现出同源物质多次叠加成矿的特征。

6.1　含矿岩浆的形成与演化

地洼学说的观点认为：本研究区位于中亚壳体的北东部，以额尔齐斯深大断裂为界，其北部属于阿尔泰地洼区、南部为准噶尔地洼区。板块学说、多旋回学说认为：本区位于西伯利亚板块与哈萨克斯坦—准噶尔板块的结合部位，其北为西伯利亚板块，其南为哈萨克斯坦—准噶尔板块。其北有额尔齐斯北西向深大断裂，南有乌沦古北西向深大断裂，东邻卡依尔特—二台近南北向大断裂。总之，本区处于阿尔泰加里东褶皱带与准噶尔海西褶皱带的接合部位，总体上属于海西构造带，是成矿的有利部位。

6.1.1　岩浆的特征

对 Y_1 岩体的各类岩石组成折算成标准矿物分子，投点在约德四面体展开图上，大部分成分点落在橄榄拉斑岩区，且岩体平均成分亦位于此区；按 Jenson 的岩石化学成分阳离子三角形图解，各岩类阳离子成分点和岩体平均成分点分别落于高镁拉斑玄武岩区和苦橄拉斑玄武岩区，其岩石化学成分具有富镁、富碱、贫钙、低硅铝的特点。原始岩浆相当于橄榄拉斑玄武岩浆。岩体的稀土元素的配分模式为相对富集轻稀土亏重稀土的缓倾斜曲线，说明原始岩浆是地幔物质部分熔融的产物。

近百件硫同位素样品的分析结果表明：本矿区矿床的 $\delta^{34}S$‰值为 $-3.49 \sim +3.00$，变化范围很小，平均值为 0.229，具有明显的塔式分布效应，塔峰在零值附近，明显具有陨石硫特征，说明硫来自地幔，但并不排除地壳硫的混入。岩体的铷锶同位素也已表明有地壳物质的混入。

本区岩、矿石的成矿元素铜、镍、铂族元素和金含量普遍较高，特别是在 Y_1 岩体中表现较为明显，这一方面说明，成矿岩体在侵位到当前位置以前，在深部岩浆房进行了深部熔离；同时也说明本区的铜、镍、金和铂族元素等成矿元素很可能来源于下地幔 - 地核，因为这些高度亲铁性的元素，早在地球形成初期就向地核迁移，并在地球随后的演化过程中，这些元素不断向地核富集。对于像本矿床这样形成于300 Ma左右的岩浆型铜镍矿床，其成矿物质更有可能来源于核 - 幔边界处。这些元素在地球深部是以氢化物的形式存在的[25]。本次研究的包裹体成分(表4 -7)表明，从橄榄苏长岩中的辉石、致密块状特富矿中的磁黄铁矿到致密块状高铜特富矿中的黄铜矿，其矿物包裹体中均含有较多的 H_2、CH_4 等还原组分，且 H_2 的含量递减，从辉石的5.363 μg/g，分别递减至磁黄铁矿的0.266 μg/g和黄铜矿的0.095 μg/g，H_2O 则从24 μg/g，分别递增至768 μg/g 和605μg/g；说明岩浆形成的早期确实有大量氢存在，它们主要与铜、镍等金属元素结合成氢化物。

本区基性岩体的铷锶等时线年龄为288 ~309 Ma，侵位于下石炭统南明水组地层中，属于海西中晚期岩浆活动的产物。本区主要基性杂岩体的成因，显示它们是同源、同区、异位、不同时代相继形成的。

6.1.2 岩浆形成与演化

地球深部富集的大量铁、铜、镍等成矿元素，在高温高压和强还原环境中，与氢形成高活性、高扩散性的金属氢化物。在地球的核 - 幔边界部位发生双相交换作用的过程中[112 -117]，成矿元素与地幔深部物质结合形成的深部含矿岩浆；由于其热力学状态和与上部岩层的密度差异，这种岩浆不断熔蚀地幔物质，并一起向上侵入；由于环境压力逐步降低、氧逸度逐步升高和地幔中新物质的不断加入，处于超临界状态的气液相金属氢化物不断地被氧化为纳米级的金属合金和金属单质，这些金属迅速与岩浆中呈超临界状态的硫、砷、碲等作用，形成金属硫化物、砷化物和硫碲化物，并与岩浆混熔，形成深部含矿的橄榄拉斑玄武岩浆。

由于地壳拉张造成的应力释放是一个间歇性的长期过程，从而导致含矿岩浆沿最大应力释放区间上侵也具有相应的脉动性。当应力释放时，含矿岩浆随之上侵；因此含矿岩浆体在上侵过程中，必然会在地壳深部形成一个以上的中间岩浆房；在每一个岩浆房中，因为岩浆中硅 - 氧群聚体组构与金属群聚体组构不同而产生质量的差异，在地球重力场作用下形成岩浆分层。在经历了一次以上的分异之后，分层岩浆在构造应力脉动作用的驱使下，先后沿断裂构造强迫侵位，分别形成本矿区的北岩带和南岩带的岩体群，在南岩带中又先后侵位形成 Y_3、Y_2 和 Y_1岩体以及对应的矿体。

6.2　铜镍硫化物的富集机理

喀拉通克岩浆型铜镍硫化物矿床中，具有重要工业价值的铜镍硫化物矿体大部分是岩浆熔离作用的产物，气液作用和热液叠加作用形成的矿体数量有限[102, 118-124]。岩浆型铜镍硫化物的富集主要取决于金属硫化物熔体和硅酸盐熔浆之间的熔离成矿作用；就本区 Y_1 岩体而言，其岩体矿化普遍，富集成工业矿体的部分占岩体总体积的 40% 左右，这就反映了单纯地在 Y_1 岩体内进行就地熔离成矿，是不可能形成如此规模的矿体的。而且，其中的致密块状特富矿与稠密浸染状矿石之间，一般界线明显，同时，也可见到致密块状特富矿与稀疏浸染状矿石，甚至与沉泥灰岩直接相接触的现象；而各类浸染状矿石之间以及它们与围岩之间往往呈渐变过渡关系；这说明它们不是同一期的产物，这是就地熔离成矿作用无法解释的，而深部熔离成矿作用就能很好地解释这一现象。作者认为，本区的铜镍硫化物的富集机理过程可大致分为深部分异和就地分异两个阶段。

6.2.1　深部分异演化阶段

从核 - 幔边界不断上升、演化形成的含矿岩浆，到达地壳的中间岩浆房后，由于构造应力的释放，岩浆上侵活动也随之停留下来；此时岩浆所处的压力条件与环境一致，岩浆与围岩的温差不大，同化作用相对较弱，其岩浆的演化方式主要是以液态重力分异为主，分异机制以液态组分的重力沉浮作用为主。由于温度、压力较深部低，岩浆的物理化学条件也随之发生变化，因而产生深部熔离作用；熔离出来的硫化物熔体，在重力场效应作用下，呈“珠球”状不断地向岩浆房下部沉聚，形成含矿岩浆和矿浆分层。

硅酸盐岩浆中硅氧四面体群聚体因有质量的差别，也同时发生重力沉浮的作用，层状、双链状的硅氧四面体聚合体的体积大而上浮；反之，独立硅氧四面体聚合体能吸引场强较大的 Fe^{2+}、Mg^{2+} 等阳离子，故随其比重增加而下沉；那些只能吸引 Na^{+}、K^{+}、Ca^{2+} 等低场强离子的聚合体则上浮。这样就形成自下而上基性程度逐渐降低的分层岩浆，并与岩浆的含矿性浓度梯度相一致。

这样的过程可能有多个，经历的中间岩浆房越多，岩浆的深部熔离会越彻底。

6.2.2　就地分异作用演化阶段

深部已经分异形成的含矿性不一致的岩浆，由于后期构造的脉动性活动，加上与周围密度及热状态差异的原因，遂侵位于现存的空间位置，由于新环境中压力、温度发生变化，以及与围岩的同化作用，使岩浆化学成分在局部发生变化，于是发生了就地分异作用，分异演化主要是以岩浆结晶分异作用和金属硫化物熔融体与硅酸盐岩浆发生熔离分异作用为主。

岩浆的结晶分异作用表现为组成岩浆岩体的岩相在结构上具有明显的垂直分带现象。早期结晶析出高熔点、大比重的矿物，如橄榄石等向岩浆的下部沉聚；随着结晶分异作用的进行，岩浆上部必然相对富含硅、铝、钠等组分，最终形成基性程度向下逐步递增的各岩相带。同时，在岩体下部的岩石中，还普遍发育反映重力分异作用的包含结构、嵌晶结构等。岩体中的斜长石也自下而上由拉长石转变为中长石，Eo 与 En 比较集中岩浆岩体下部。

结晶分异作用在岩石化学成分的变化上表现得较明显：岩石固结指数的变化，镁铁比值、氧化物含量，以及固结指数的相关图等，都能反映出良好的分异演化特征。另外，在微量元素变化特征、稀土元素配分模式上都有明显的结晶分异特点。

熔离分异作用是在物理化学条件发生明显变化的状况下，硫化物熔融体在岩浆中由于溶解度降低而逐步从硅酸盐岩浆中分异出来的作用。这种作用表现为金属硫化物集合体在岩浆岩体中呈浸染状分布，以及可见未曾变形保留较好的珠滴状构造。熔离析出的金属硫化物熔融体，由于比重较大而向岩浆下部沉聚富集，故岩浆岩体中矿化富集的部位常与岩石基性程度较高的岩相带相对应；而矿体中的致密块状特富矿石，则是原始含矿岩浆在地壳深岩浆房分异形成的矿浆，在后期贯入叠加生成的。

6.3 成岩成矿物化条件

6.3.1 成岩成矿的物理化学特征

本矿区的铜镍硫化物矿床是岩浆熔离型矿床，矿石的形成和岩浆的分异演化密不可分。根据本区各矿体的地质特征，矿石化学成分，和硫、碳、氧等同位素组成以及稀土元素组成等特征，作者认为本矿床是由两种物理化学条件相差很大的含矿岩浆与矿浆进行复合定位、叠生而成的矿床。

1. 含矿岩浆

含矿岩浆侵位后，就地进行结晶分异和熔离分异，形成了各岩相带以及矿化程度不同的浸染状矿石。根据 Y_1 含矿岩体的岩相分带比较清楚、岩石为全晶质、中－中粗粒结构，可以推断，Y_1 岩体形成的压力较大，是在一个相对封闭的条件和较长时段条件下，结晶演化成岩的。Y_1 岩体中橄榄苏长岩岩相带位于岩体中下部，与中等－稠密浸染状矿体相对应，其中的橄榄石具熔蚀状及被包裹的特征，可以推断，橄榄石是最先结晶并呈悬浮状晶粒存在于含矿岩浆中的；之后金属硫化物熔体不混熔析出，这些硫化物的熔体与橄榄石在重力作用下向下沉聚，根据前文所述橄榄石结晶温度为 1422 ~ 1408℃，可推断金属硫化物熔体的熔离析出作用是在 1400℃左右才发生的。

含矿岩体中上部的浸染状矿石中，发育有金属硫化物珠滴状构造，这些金属硫化物珠滴往往被斜方辉石包裹，代表了金属硫化物熔离析出的初始状态保留完好的部分；这些珠滴在向下沉聚过程中不断合并增大，使岩浆中的矿化程度自上而下呈现一定的浓度梯度；由于这些珠滴的沉聚速度小于岩浆的冷凝结晶速度，这些珠滴就被造岩矿物包裹封存而产生出不同矿化程度的浸染状矿石，其自下而上的金属含量和品位递减。这些矿石中常见的海绵陨铁结构，就是被封存在造岩矿物晶粒间的金属硫化物熔浆最后结晶形成的。按前面矿物温度计计算斜方辉石结晶温度为 1175 ~ 927℃，以及斜方辉石熔融包裹体均一法温度为 1067 ~ 1015℃，说明金属硫化物在斜方辉石结晶析出时仍为液态。根据金属硫化物的熔融试验：初熔温度为 910℃，当温度增加到 1000℃，则熔融为珠滴状；结合亚查娃、麦干达等人(1953)的 FeS - FeO - SiO_2 三元组分的实验结果：在 915℃可以生成橄榄石 - 磁黄铁矿 - 磁铁矿组合，可以推断磁黄铁矿的初始结晶温度最高为 927 ~ 915℃。同时，根据浸染状矿石中磁铁矿被磁黄铁矿、镍黄铁矿、黄铜矿等包裹、熔融的特征，大量金属硫化物的结晶应当在磁铁矿结晶之后，也就是在磁铁矿 - 钛铁矿固熔体的分解温度 700 ~ 600℃以下。再根据普遍存在的磁黄铁矿 - 镍黄铁矿固熔体分离结构的出熔温度为 500 ~ 425℃，以及本矿区浸染状矿石中黄铜矿 - 磁黄铁矿、磁黄铁矿 - 黄铁矿矿物对的硫同位素温度计为 572 ~ 446℃。可推断 572 ~ 350℃温度是本矿区金属硫化物的重要成矿温度区间。

2. 矿浆

目前，本矿区的致密块状特富矿均是矿浆贯入而成的，致密块状特富矿石中贵橄榄石、辉石、斜长石等硅酸盐矿物含量少于 5%。这种矿浆相对来说，处于一个封闭的热力学系统中。

矿浆冷凝结晶形成的致密块状特富矿石中存在的碳硅石、碳化钨等高温高压矿物，是在矿浆上升前或矿浆上升过程中结晶形成的，它们在压力和温度等条件变化不明显的状况下，可以稳定地存在。致密块状特富矿中金属硫化物的结晶是在橄榄石、辉石与斜长石等硅酸盐矿物结晶析出之后，因此这些硅酸盐矿物均被金属硫化物包裹、熔蚀；同时，磁铁矿颗粒呈浑圆状不均匀地分布于金属硫化物集合体中，说明在磁铁矿结晶析出时，金属硫化物仍然熔融在矿浆中。根据共生金属硫化物矿物对硫同位素平衡温度平均为 382 ~ 311℃，与硫化物固溶体分离温度对比，早期有少量磁黄铁矿、黄铁矿结晶析出，它们与较晚结晶析出的磁铁矿共生，生成温度应在 600℃左右；而大量磁黄铁矿的结晶析出，与镍黄铁矿和黄铜矿形成共生组合的温度为 425 ~ 600℃。因为，磁黄铁矿 - 镍黄铁矿固溶体分离温度为425～500℃，且致密块状特富矿中的磁黄铁矿单矿物的爆裂法测温的起爆温度在340℃左右。而致密块状高铜特富矿中的黄铜矿的起爆温度也为340℃左右，说明在为311～400℃的温度范围内主要形成以黄铜矿为主的致密块状高铜特富矿石。

根据本次工作所测定的橄榄苏长岩中的辉石、致密块状特富矿中的磁黄铁矿和致密块状高铜特富矿中的黄铜矿的包裹体成分(参见表4－7)，可分析矿石形成时的氧化还原条件。这些矿物包裹体中含有较多的还原组分H_2、CH_4，且H_2的含量递减，说明本区的成岩成矿是在一个相对还原的条件下进行的，且矿体中存在的自然金属也同样说明了这一点。根据本矿区中，矿化早期有磁铁矿和黄铁矿的共生组合，中期存在磁黄铁矿和黄铁矿的共生组合的特点，可算出氧逸度为1.527×10^{-31}，硫逸度为9.870×10^{-12}。

由表4－7可以看出，本区含矿岩浆中H_2O含量明显低于矿浆中H_2O的含量，致密块状特富矿中的金属硫化物包裹体的H_2O含量达到了605～769 μg/g，表明矿浆在很大程度上具有热液性质。进一步测试的金属硫化物包裹体的液相成分(表6－1)也说明了这一特点。

表6－1　喀拉通克流体包裹体气相成分色谱分析结果(μg/g)

矿物名称	F^-	Cl^-	SO_4^{2-}	Na^+	K^+	NH_4^+	Mg^{2+}	Ca^{2+}	Na^+/K^+	Cl^-/F^-
磁黄铁矿	23.43	9.66	272.38	7.48	11.79	7.48	1.75	20.01	0.63	0.41
黄铜矿	22.39	12.77	410.86	4.61	2.56	10.10	1.63	1.70	1.80	0.57

数据来自中南大学地质研究所测试室。

从表6－1可知，成矿流体的液相成分与一般岩浆热液相似，但其矿化度明显较一般热液大；主要成分为SO_4^{2-}、Cl^-、F^-、Ca^{2+}、Na^+、K^+、Mg^{2+}，另外含有较多的NH_4^+；阴离子中以SO_4^{2-}含量最高，这与矿浆中硫含量高有关，Cl^-、F^-含量也较高，可能说明Au、铂族元素的迁移方式是以氧化物或氯化物的方式进行的；Ca^{2+}在矿浆早期的含量明显高于晚期，这与岩矿体中广泛发育的碳酸盐化是一致的。NH_4^+含量较多与岩浆主要来源于地幔有关。

6.3.2　成岩成矿地球化学条件

本区含矿的中基性岩体岩石化学成分以富镁、贫钙、低硅铝为特征，其硫、铜、镍含量高于同类的正常岩石[118, 125, 126]。矿石中主要金属$\omega(Cu)>\omega(Ni)$，$\omega(Pd)>\omega(Pt)$。岩浆结晶分异过程由橄榄拉斑玄武岩向石英拉斑玄武岩过渡。岩浆分异较为充分，岩相分带明显，各相带之间呈渐变关系，过渡族元素与稀土元素在结晶分异过程中均有比较明显的分馏现象。

岩浆中的硫、铜、镍的含量高低是成矿关键；岩浆中的铁、镁和硅的含量多少对岩浆熔离过程中产生金属硫化物熔体相的多少，有明显的控制作用。若以某成矿岩体中硫含量为 16800 μg/g、铜为 300 μg/g、镍为 2100 μg/g 作为侵位岩浆中成矿物质的平均含量，与基性岩浆的平均含量相比，其硫、铜、镍的富集系数分别为 56、30 和 13；显然这种含矿岩浆和矿浆都必须经过分异富集，才能具有如此丰富的成矿物质基础。前人在研究主要成矿元素 Ni、Cu 等与岩石化学成分的关系时得出：在不同含矿岩体中，同类型矿石元素相关性和相似水平与岩石化学成分有关；主要成矿元素与岩石化学成分中的 Fe_2O_3、FeO 和 MgO 呈正相关，与 SiO_2 呈负相关，相关系数较高；该规律与富集成矿的岩石主要为基性程度较高的岩石的地质事实相符。这说明了岩浆中硫和亲硫元素相对含量与岩浆分异过程以及主要组分之间的关系，对促进金属硫化物熔浆析出与熔离有重要作用。

岩浆中氧化亚铁含量多少直接影响硫化物在岩浆中的溶解度，氧化亚铁含量要与硫保持一定的比例，或者氧化亚铁含量较低，才能使硫化物熔离相析出。

D. R. 霍顿等人根据矿床实际统计资料和实验数据得出：氧化亚铁含量对硫化物熔体的熔离析出和保持平衡状态影响很大；硫与氧化亚铁的比值较大时，硫的饱和程度高，氧化亚铁含量较低，有利于硫化物的熔离析出成矿。在硫的含量不变时，只能通过降低氧化亚铁的含量来实现，而基性岩浆早期结晶析出橄榄石、铬铁矿等铁镁质矿物正好起到了降低亚铁离子的作用，这对基性岩浆就地熔离分异形成浸染状矿石具有十分重要的意义。

致密块状特富矿石的生成有所不同，它是原始含矿岩浆在深部岩浆房中经液态重力分异作用形成的矿浆贯入浅部岩体形成的，其中的硫和亲硫元素铜镍等富集程度已经很高，没有不混溶平衡比例问题。

岩浆中氧化镁对成矿的影响主要表现为：一是 $Mg^{2+}-Fe^{2+}$ 之间也存在类质同象置换，影响镁铁系列矿物中氧化亚铁的含量；另一是 $Mg^{2+}-Ni^{2+}$ 之间存在类质同象置换，使镍进入镁铁硅酸盐类矿物晶格而对成矿不利。所以，本矿床和国内外主要岩浆型铜镍硫化物矿床的含矿岩体中的橄榄石是贵橄榄石，而不是镁橄榄石，说明贵橄榄石能在一定程度上消耗岩浆中的氧化亚铁，有利于铜镍硫化物熔离相的析出。

由于 $Mg^{2+}-Ni^{2+}$ 之间存在类质同象置换，橄榄石中往往含有一定量的镍；从富镍或正常含镍量的岩浆体系中结晶析出的橄榄石常常镍含量较高，并与橄榄石的 f_{O_2} 值呈线性关系；而从贫镍或者是已发生过熔离分异的贫镍岩浆中析出的橄榄石，其含镍量往往较低或出现镍的亏损。因此，橄榄石的含镍量与橄榄石 f_{O_2} 值的地球化学关系，往往具有指示矿床成因的意义和找矿意义。橄榄石的 f_{O_2} 值和含镍量可以作为基性岩体含矿性的判别标志。

本矿区主要岩体橄榄苏长岩中的橄榄石的f_{O_2}值为74.79%～79.63%，变化区间较小，镍含量变化较大，氧化镍含量为0.01%～0.321%；它们之间的关系与典型基性岩浆侵入体相当，橄榄石中未出现镍亏损，是从富镍或正常含镍量的岩浆体系中结晶析出的橄榄石。本区Y_1岩体的浸染状矿石中硅酸镍占全镍的14%～15%，硅酸镍主要赋存于橄榄石中；表明形成Y_1岩体的岩浆是深部中间岩浆房分异的含矿岩浆，甚至是富矿岩浆侵位形成的。

致密块状特富矿石中硅酸镍占全镍总量的28%，比浸染状矿石高出一倍；致密块状特富矿体中硅酸盐矿物很少，而硅酸镍含量比例如此之高，说明其中镁铁硅酸盐矿物的镍含量大大高于浸染状矿石中镁铁硅酸盐矿物的镍含量，而从富镍熔体中结晶析出的橄榄石等镁铁硅酸盐矿物含镍量更高。

另外，岩浆在上侵过程中，同化围岩可使二氧化硅、三氧化二铝、氧化钙含量增高，会使金属硫化物在硅酸盐岩浆中的溶解度降低并发生熔离的作用。从本矿区主要含矿岩体的岩石化学成分分析结果来看，SiO_z、Al_2O_3、CaO三个组分含量均不高，这对镍的富集有一定影响，但对铜的影响不大。

6.4 铜镍硫化物矿床的成岩成矿模式

地球深部富集了大量铁、铜、镍等成矿元素，在高温高压和强还原环境中，这些成矿元素与氢形成高活性、高扩散性的金属氢化物，由于地球的核－幔边界部位发生双相交换作用，地幔和地壳伴随产生深大断裂构造，这些成矿元素与地幔深部形成的岩浆，由于其热力学状态及与上部岩层的密度差异而不断熔蚀地幔物质，并一起向上侵入；由于环境压力逐步降低、氧逸度逐渐升高和地幔中新物质的不断加入，这些处于超临界状态的气－液相的金属氢化物被氧化为纳米级的金属合金和金属单质，并迅速与岩浆中呈超临界状态的硫、砷、碲等作用，形成金属硫化物、砷化物和硫碲化物，与岩浆混熔，形成深部含矿的橄榄拉斑玄武岩浆。

这种含矿岩浆体在上侵过程中，会在地壳深部形成一个以上的中间岩浆房；由于温度、压力较上地幔低，物理化学条件也随之发生变化，在约1100℃高温下产生深部熔离作用。熔离出来的硫化物熔体，在重力场效应下，呈“珠球”状不断地沉降至岩浆房底部聚集。从而在中间岩浆房内形成底部矿浆、下部富矿岩浆、中部含矿岩浆、上部贫矿硅酸盐岩浆或无矿硅酸盐岩浆。

中间岩浆房上部基性程度较低的贫矿硅酸盐岩浆或无矿硅酸盐岩浆，在构造应力驱使下先侵入，在有利的构造部位形成基本不具工业意义的矿化的中基性岩体。随后，在后期构造应力驱使下，中上部基性程度中等的含矿岩浆先后侵入，分别在西北向构造裂隙系统与北东向次级裂隙的交叉部位就位，形成Y_5、Y_6、

Y_7、Y_8等岩体，由于压力、温度和物理化学条件的变化，产生就地熔离作用，并冷凝结晶固结，在岩体的中下部或底部形成岩浆就地熔离型矿体；随后，岩浆房中下部基性程度相对较高的部分，在构造应力驱使下先后上侵，分别相继在西北向构造裂隙系统中就位，形成 Y_3、Y_2 等岩体和岩浆就地分异形成的底部矿体；再后，岩浆房下部基性程度较高的富矿岩浆，在构造应力驱动下侵入，在序次较后的新产生的北北西向构造裂隙中侵位，形成 Y_1岩体和浸染状矿体；最后，是底部矿浆侵入，在 Y_1岩体等再次活动的裂隙中侵位形成致密块状特富矿体。这样在南岩带，由于各岩体均沿北西向和北北西向断裂构造系统侵位，故形成了首尾对应的 Y_3、Y_2、Y_1岩体，其侵位高程依次上升，基性程度依次增强，含矿性也依次加强。而北岩带各岩体由于受北西向构造裂隙系统和北东向裂隙的联合控制，各岩体相对联系不那么密切。

在岩浆房内，处于熔融状态的不同含矿性的岩浆，在构造动力的驱动下，先后沿不同通道上侵，不同类型的岩浆单独就位于不同的岩浆房内，经就地熔离作用冷凝成岩成矿，形成含矿性差别极大的岩体群。即有的岩体不含矿，有的岩体仅赋存有岩浆就地熔离型稀疏浸染状矿体；有的岩体既赋存有岩浆就地熔离型稀疏浸染状矿体，又有深部熔离富矿岩浆形成的稠密浸染状矿体；有的岩体全岩矿化，形成岩浆深部熔离型稠密浸染状矿体和晚期贯入型致密块状特富矿体。

由于本区各类浸染状矿石与致密块状特富矿，是原始含矿岩浆在地壳深部岩浆房分异形成的两种不同性质的熔浆——含矿岩浆和矿浆先后侵位形成的；所以它们之间存在明显的地质、地球化学和物理化学界面。

致密块状特富矿中的金属硫化物包裹体中的 H_2O 含量达到了 605 ~ 769μg/g，表明矿浆在很大程度上具有热液性质，所以，趋于热水溶液相的 Ag、Au、Pd、Pt、Se、Te、Bi、Pb、Zn 等组分高度集中于致密块状高铜特富矿中，形成自然银、自然金、银金矿、碲镍铂钯矿、碲铋钯矿、碲银矿、碲铅矿、闪锌矿等。

岩浆冷凝成岩成矿之后，由于晚阶段的构造活动，导致岩体内的某些部分或全部的压力、温度发生变化，有外来含硫挥发性气液参与渗入，与岩浆气液混合，交代岩体内的硅酸盐矿物，使硅酸盐矿物结晶格架中的 Ni、Co 等被释放出来，形成富含 Ni、Co 等硫化物的气液。这种富含硫化物的气液，可在原地富集，叠加在岩浆熔离型浸染状矿体之上，形成岩浆熔离硫化叠加型矿体或矿床；也可在构造动力的驱动下，离开原地转移至岩体内的构造薄弱部位（如不同岩相接触带，断裂破碎带）富集，形成岩浆熔离硫化叠加型矿体。

矿床生成后，受到东西向和北北东向构造挤压力的破坏，往往伴有脉岩穿切。经后期风化侵蚀，侵位较高的岩体顶部被剥蚀而出露地表，形成深度不一的氧化带和次生富集带。如 Y_1岩体就发育有深约 40 m 的氧化带和次生富集带。

综合上述研究成果，岩浆型铜镍硫化物矿床的成岩成矿模式，可以称为“以岩浆深部熔离作用为主导的脉动式”成矿模式。本区岩浆型铜镍硫化物矿床的成岩成矿模式可总结如图6－1所示：

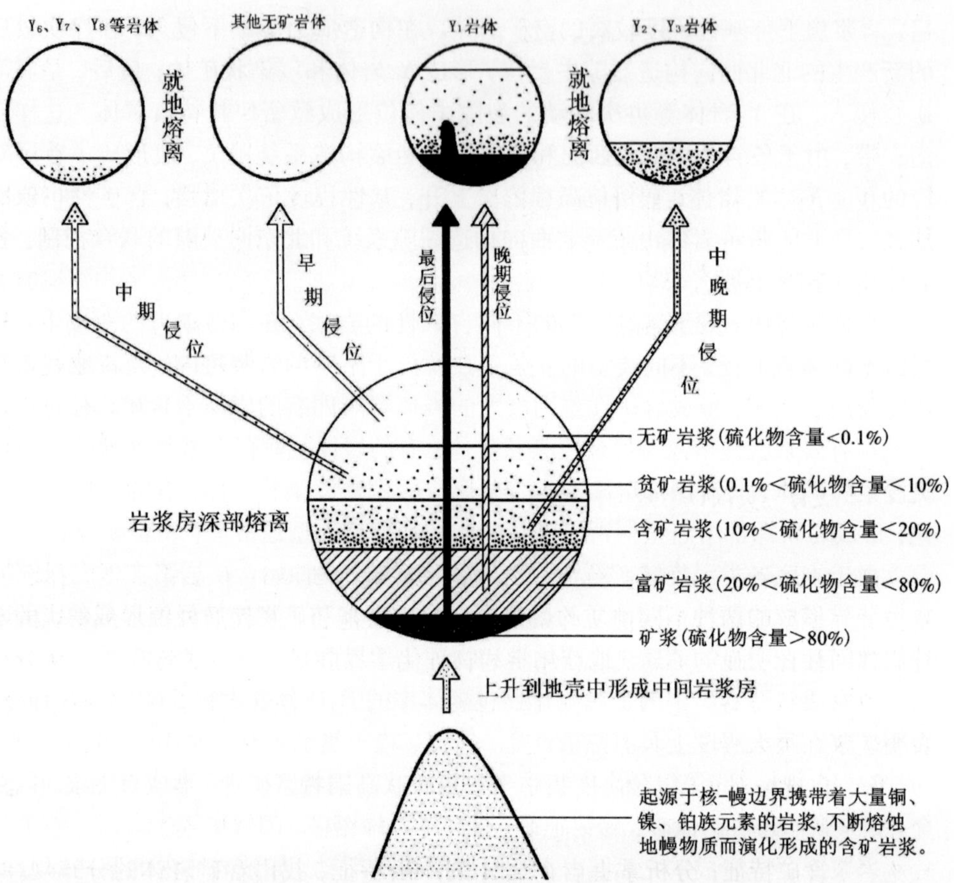

图6－1　喀拉通克铜镍矿床脉动式成岩成矿模式示意图

第 7 章　喀拉通克铜镍矿床多元地学信息找矿预测模型

找矿预测工作是在野外和室内详细的地质工作及物探工作的基础上进行的。两年来，通过野外系统的地质工作和室内分析测试工作，以及运用 2 种物探仪器、3 种不同手段，对矿区及外围 20 km^2 范围内的地区进行了找矿预测工作。研究结果共划分了 2 个找矿预测区、3 个靶区，即矿区西部 1016 高地附近 76～108 号勘探线之间的找矿预测区(I 区)，和矿区炸药库以北 63～67 号勘探线之间的找矿预测区(II 区)。

7.1　找矿预测研究方法

通过现场踏勘，收集、阅读前人资料和室内分析测试等工作后，作者认为，喀拉通克铜镍矿床找矿预测工作的成败关键在于能否在矿区及外围找到隐伏的基性岩体。故此，确定了寻找隐伏基性岩体作为本次找矿预测的关键所在。从分析矿区已知含矿岩体 Y_1、Y_2、Y_3的特征着手，找出与已知含矿岩体有关的各种物、化探特征，运用地学综合类比法，在矿区及外围寻找新的找矿靶区。

(1)在现场对含矿岩体(Y_1岩体等)进行地质调查，查明了含矿岩体的形态、产状、空间分布、岩体分带分相特征，岩石的矿物成分、化学成分特征，岩石的结构构造、含矿特征；分析掌握含矿岩体的产出特征，找出含矿岩体的分布规律；深入研究含矿岩体的控岩、控矿构造，掌握含矿岩体的控岩控矿构造特征；在矿区及近围，筛选出若干重点工作区及远景区。

(2)在初选出的重点工作区及远景工作区内，利用高精度磁力仪进行磁法扫面工作，根据高精度磁法扫面的结果，综合地质与磁异常，确定电法的工作区。

(3)利用我校研制开发的双频激电仪，在工作区内，测定激电视幅频率与视电阻率，经计算机处理确定出激电异常区。

(4)在激电异常区内，用俄罗斯生产的大功率低频激电仪重新测定相位和电阻率，进一步确定激电异常。

(5)在上述 2 种电法工作均发现激电异常的区段内，用双频激电仪和大功率低频激电仪分别采用对称四极法和偶极距法确定引起激电异常的极化体的埋深及空间展布特征。

(6)最后，进行地质、磁法、电法测量资料的室内综合分析，确定矿区及外围的找矿预测靶区。

7.2 测区地球物理特征

7.2.1 高精度磁异常特征

根据地质工作选定的工作区，从矿区 Y_1 岩体起向西每 200 m 布置一条磁法测线，共布置测线 15 条，测线方向与矿区勘探线方向一致，测点间距为 5 m。高精度磁法测量结果表明，在矿区西部 1016 高地附近的 76 ~ 108 号勘探线的高精度磁测剖面上，由南向北磁异常逐渐增高，其北端部位(1016 高地沿线)异常值ΔT均超过 630 nT(图 7 – 1 至图 7 – 4)，且均未下降，磁异常的总体走向与区域构造线方向一致，反映在 1016 高地附近可能有隐伏岩(矿)体存在。而该磁异常区的东部和西部，其磁法异常曲线比较平缓，异常不明显。

另外，根据喀拉通克矿地测科的要求，在矿区东部外围也布置了 6 条测线，测线长 1000 m，线距 200 m，点距 5 m，测线方向与矿区勘探线方向一致；高精度磁法测量结果表明，该区磁异常值较低，且比较零乱，异常无规律可循。

根据本区特征，矿区外围西部 1016 高地的 76 ~ 108 号勘探线之间存在较好的磁异常，可以进一步开展电法，以确定该处异常的含矿性。在其他工作区，因为磁异常零乱或异常值较低，显示其下部存在隐伏岩(矿)体的可能性很低，只可选择个别地段进行电法工作，以验证磁法测量结果的可信度。

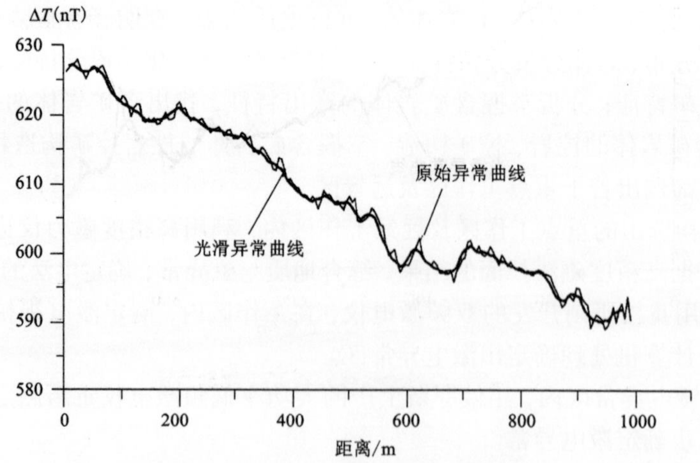

图 7 – 1 84[#]勘探线高精度磁测剖面图

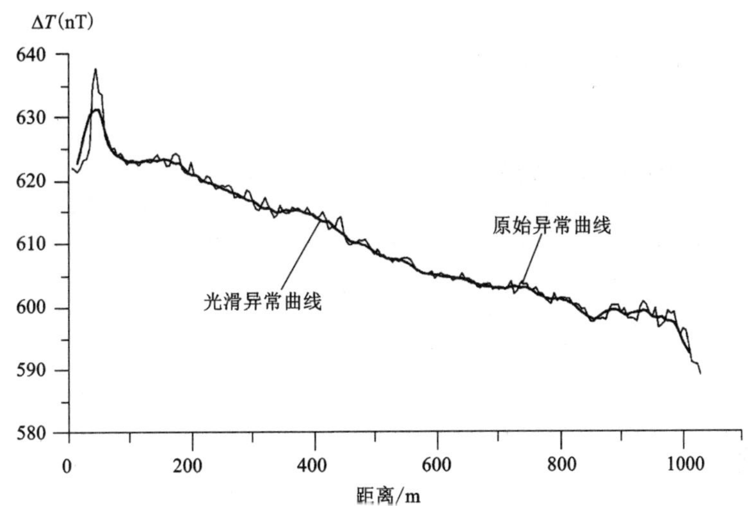

图 7－2　92#勘探线高精度磁测剖面图

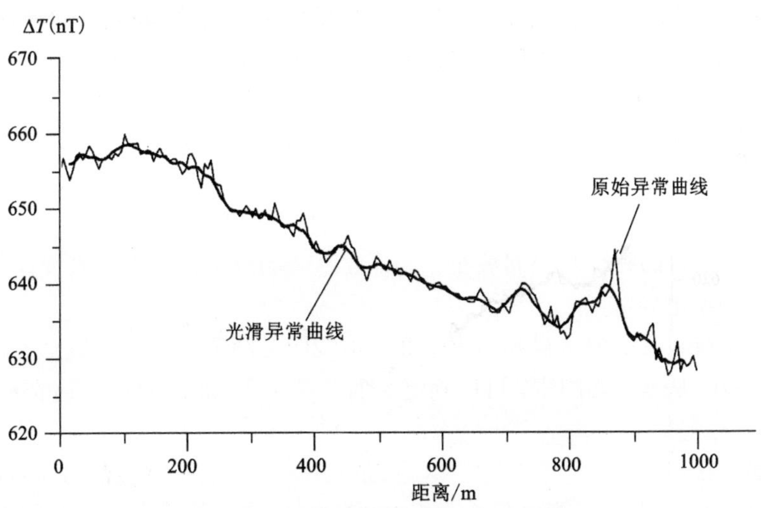

图 7－3　100#勘探线高精度磁测剖面图

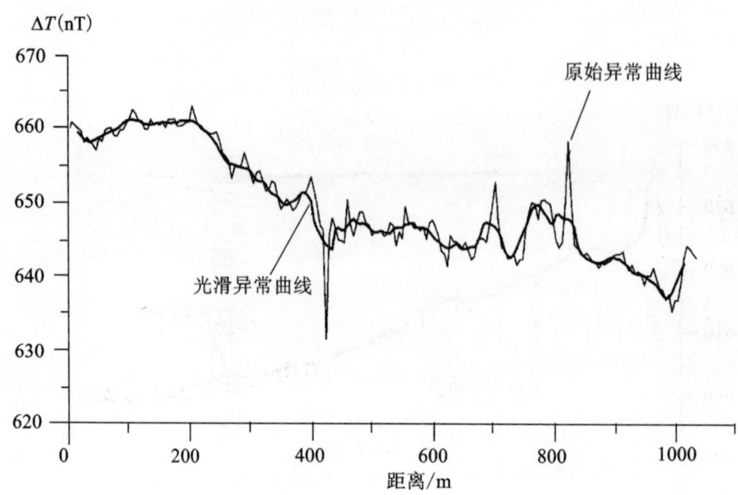

图 7-4　108#勘探线高精度磁测剖面图

7.2.2　激发异常和电阻率特征

本书第5章介绍了本区的主要岩(矿)石标本在高频和低频下的视幅频率及相位特征，结合前人资料可知：矿区的铜镍矿体具有高极化率、低电阻率；未蚀变的沉凝灰岩及不含矿的岩体具有较低的极化率和相对较高的电阻率；含碳质的沉凝灰岩具有较高的极化率和相对较低的电阻率。从这些特征可以看出，电法是本区找矿的重要方法与手段，但是含碳质沉凝灰岩、黄铁矿化、基岩隆起都会对电法找矿带来一定的影响，并对异常解释带来一定的困难。本次研究采用了双频激电法、大功率低频激电法、对称四极测深法和对称四极法。

1. 激电异常的特征及空间展布

1)双频激电异常

测区Ⅰ双频激电测量视幅频率平面等值线图见图7-5，视电阻率平面等值线图见图7-6，从这2幅图中，可以确定3个主要异常：北部异常、西部异常、南部异常。

北部异常：主要为发育于80~84号勘探线之间的北东—南西向异常带，其视幅频率值最高达到8%，视电阻率小于100 Ω·m，表现为高激化、低电阻的特征；与本区矿致异常特征相符，是本测区的找矿优选区段；但由于该异常的延伸方向与区域构造线方向垂直，在进行找矿优选区段排队时，要移后一个等级。

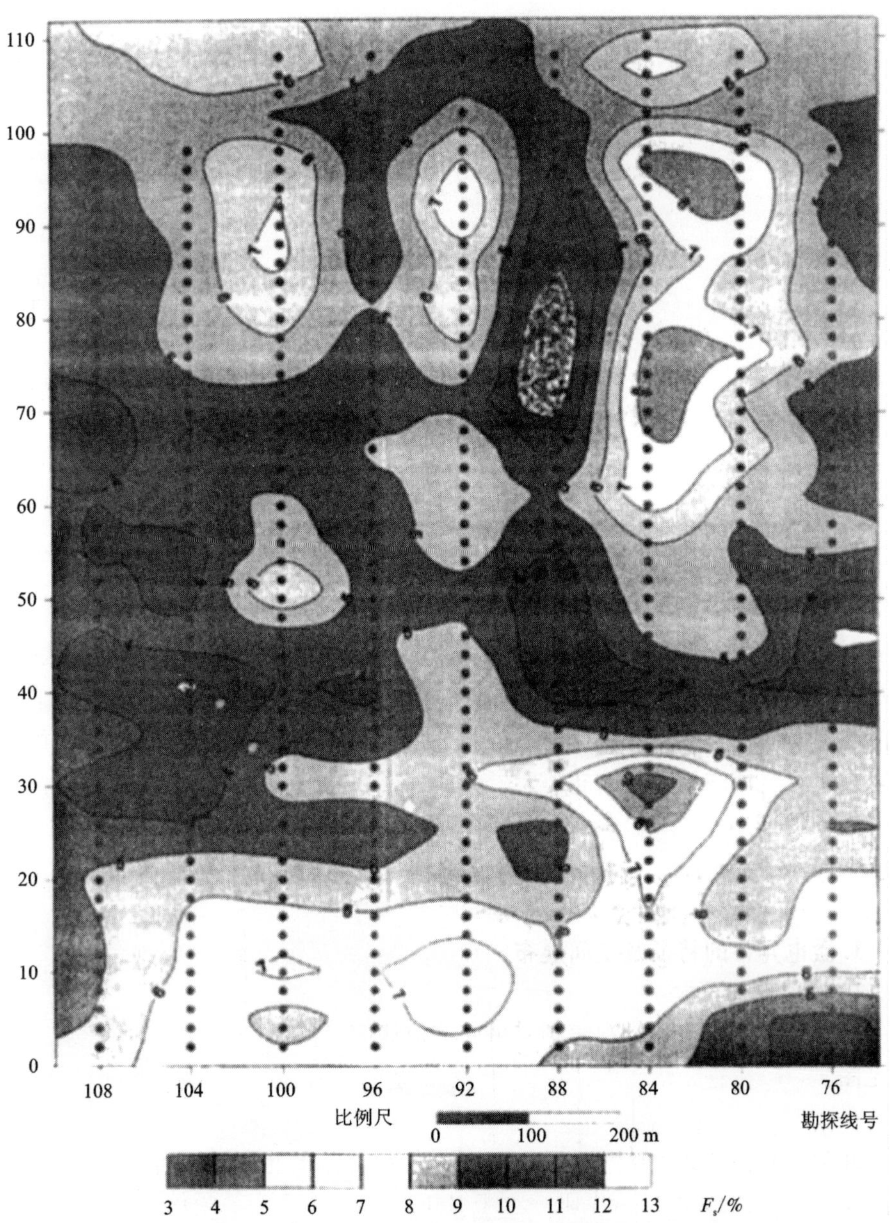

图7-5　喀拉通克测区Ⅰ双频激电测量视幅频率 F_s 平面等值线图

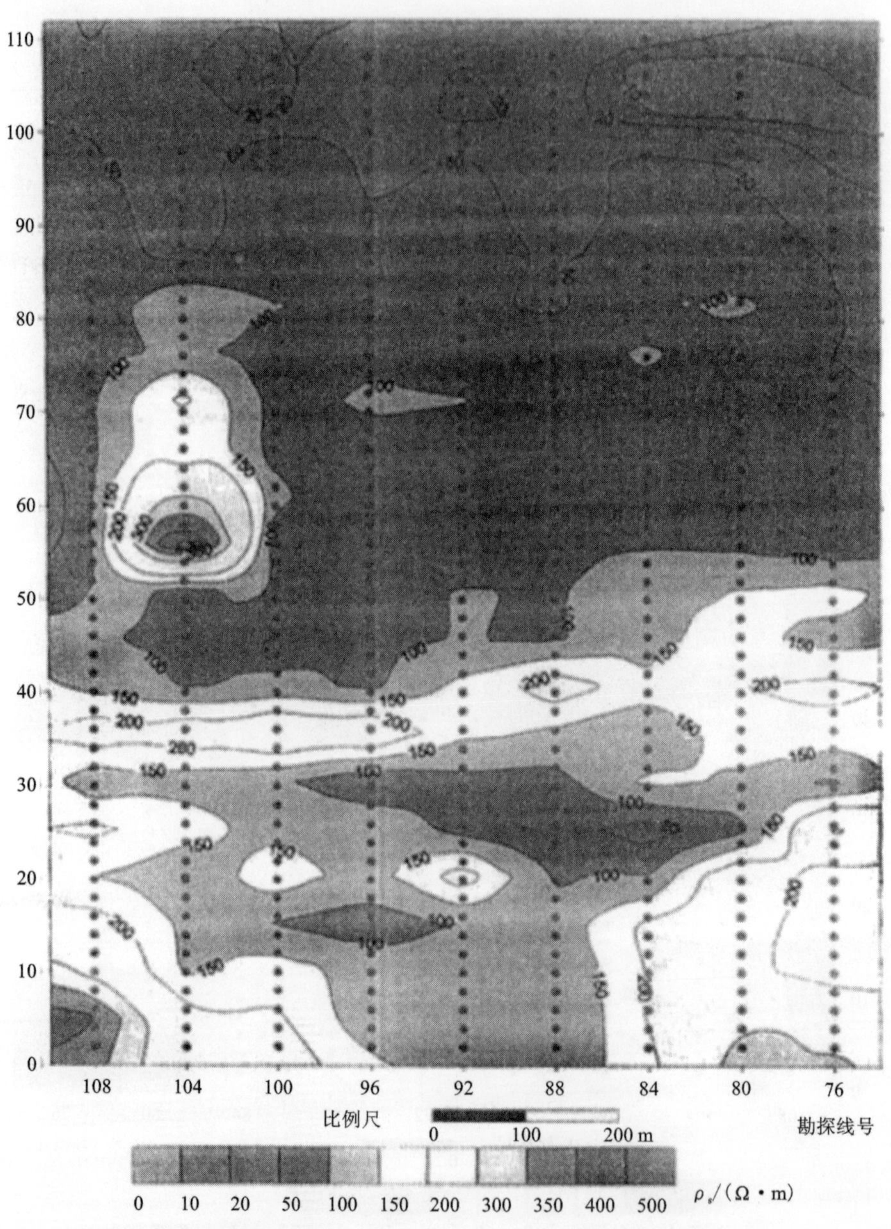

图 7－6　喀拉通克测区 I 双频激电测量视电阻率 ρ_s 平面等值线图

西部异常：为一中心在 104 号勘探线上的异常，在视电阻率平面等值线图中虽有显示，但其视幅频率值在5%以下，视电阻率高达400 Ω · m，表现为低激化、高电阻的特征，与本区矿致异常特征相反，为非矿致异常。

南部异常：为一中心在 84 号勘探线上的近椭圆形异常，在视电阻率平面等值线图中显示，它呈北西 310°方向展布，与矿区主要控岩控矿构造方向一致；其视幅频率值最高达到 9%，视电阻率小于 100 Ω · m，表现为高激化、低电阻的特征；与本区矿致异常特征相符，是本测区的找矿优选区段。

测区Ⅱ：从双频激电测量视幅频率平面等值线图[图 7 - 7(a)]和视电阻率平面等值线图[图 7 - 7(b)]这 2 幅图中，可以确定 1 个明显的矿致异常。该异常中心在 63 ~ 67 号勘探线之间，在视电阻率平面等值线图中显示为呈北西 320°方向展布的不规则椭圆形异常；该异常分布于矿区北岩带内；其视幅频率值最高达到 8%，视电阻率小于 100 Ω · m，表现为高激化、低电阻的特征；与本区矿致异常特征相符，且该异常带存在于 Y_4 岩体向北延伸处，所以，该异常带是本区的最佳找矿优选区段。

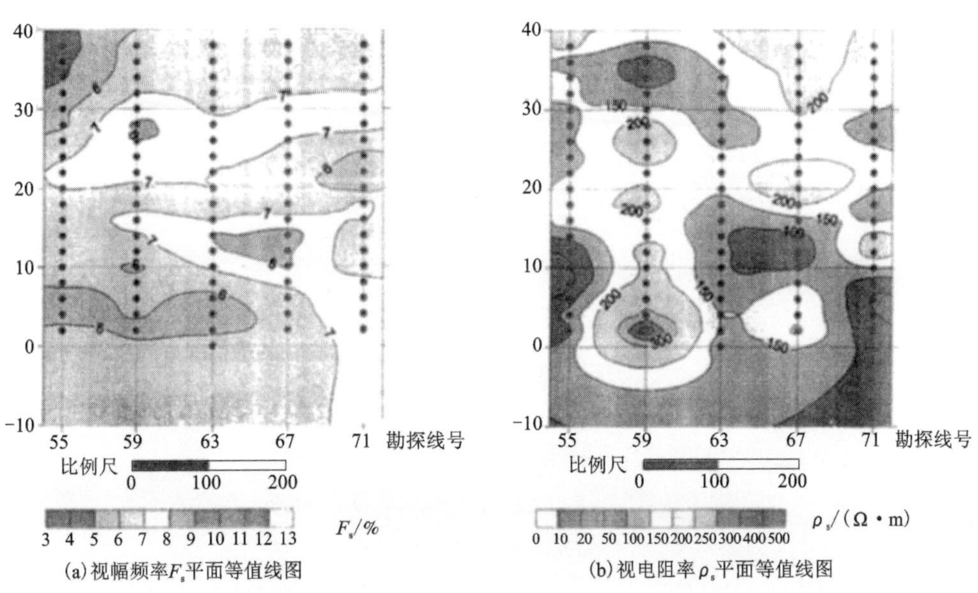

(a) 视幅频率 F_s 平面等值线图　(b) 视电阻率 ρ_s 平面等值线图

图 7 - 7　喀拉通克测区Ⅱ双频激电测量平面等值线图

测区Ⅲ：因为磁异常零乱和异常值较低，显示其下部存在隐伏岩矿体的可能性很低，为验证磁法测量结果的可信性，对其进行了双频激电测量，结果仅在测区北部发育一个 30 m × 50 m 的最高视幅频率为 7% 的异常点，在视电阻率等值线图中无对应的低值异常，证实了高精度磁法测量的结论，进一步说明用高精度磁测进行先期扫面是科学的。

2)大功率低频激电异常

在双频激电测量之后，又进行了大功率低频激电测量工作，测区Ⅰ的大功率低频激电测量的相位异常平面等值线图如图7-8所示、视电阻率异常平面等值线图如图7-9所示，测区Ⅱ的大功率低频激电测量的相位异常平面等值线图如图7-10(a)所示，视电阻率异常平面等值线图如图7-10(b)所示。将双频激电测量结果(图7-5～图7-8)与上述两个测区6幅大功率低频激电异常图对比可知：在不同的时间内所进行的两种方法测量结果具有很好的一致性，两者可以进行相互验证。

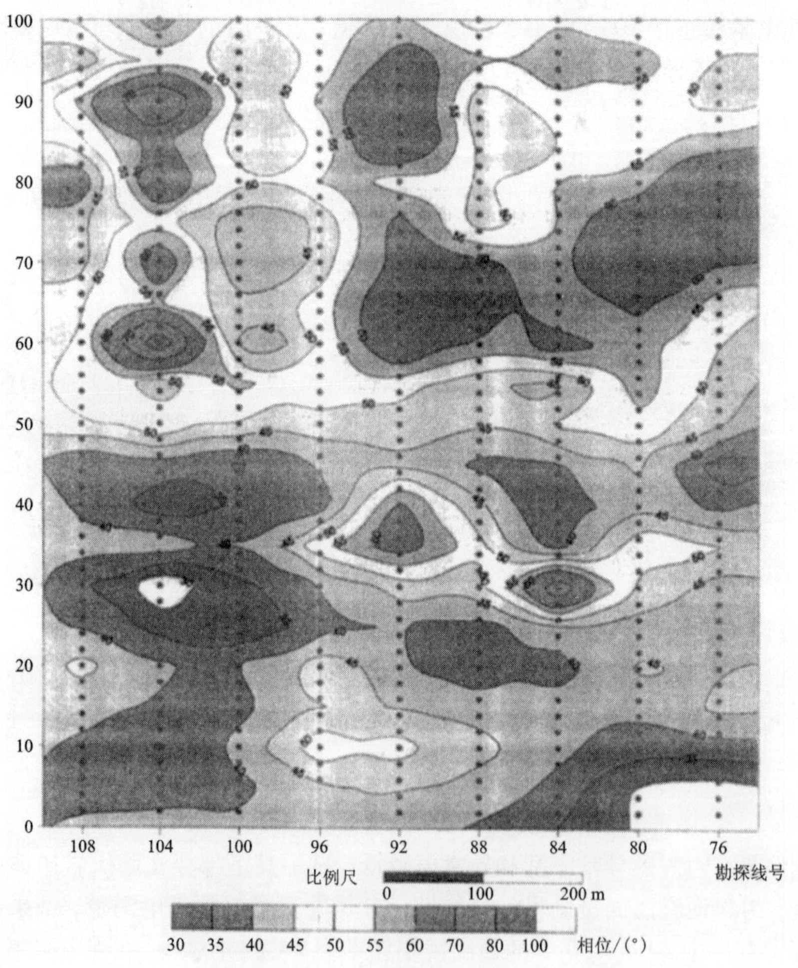

图7-8　喀拉通克测区Ⅰ大功率激电测量相位平面等值线图

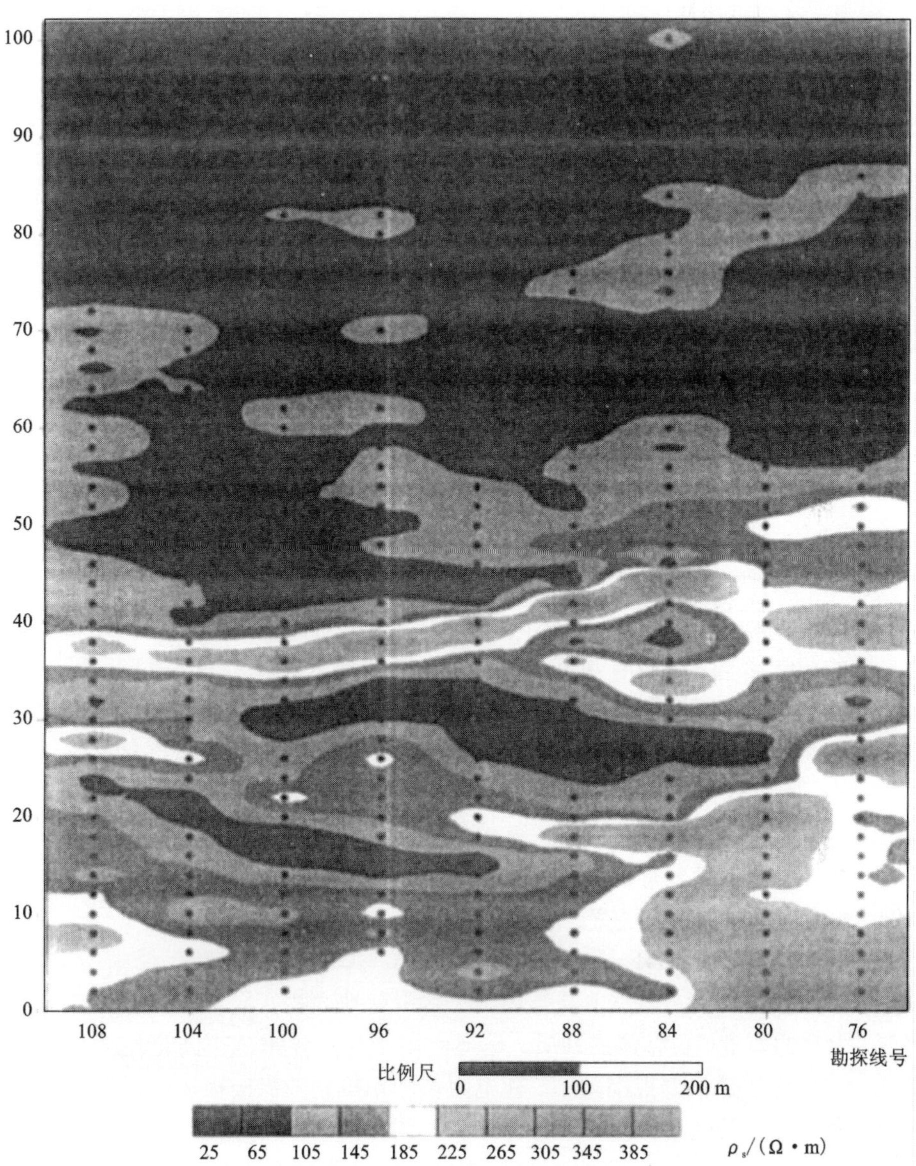

图 7－9　喀拉通克测区 I 大功率激电测量视电阻率 ρ_s 平面等值线图

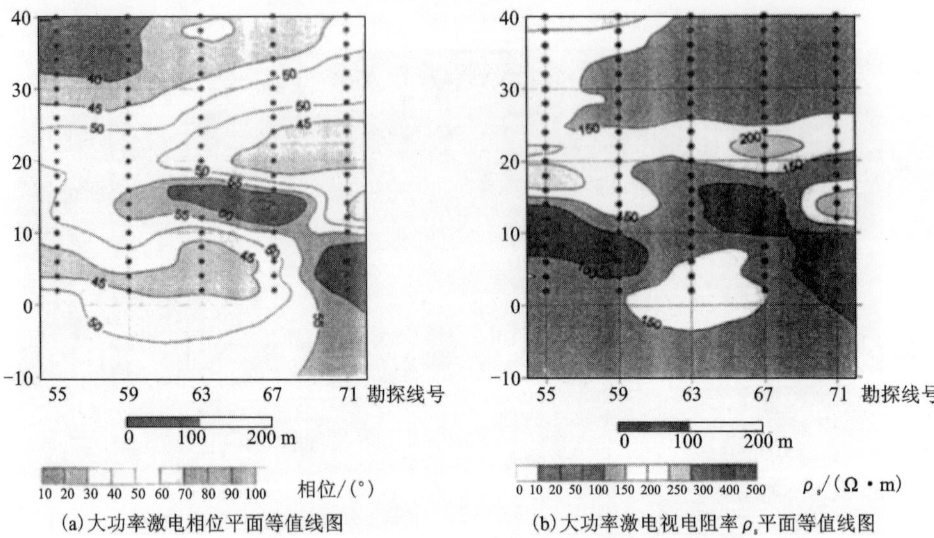

(a)大功率激电相位平面等值线图

(b)大功率激电视电阻率 ρ_s 平面等值线图

图 7-10　喀位通克测区Ⅱ大功率激电测量平面等值线图

测区Ⅰ：测区南部异常，在不同的时间内所进行的两种方法测量结果，其相同参数的异常形态基本具有很好的一致性，该异常长约 350 m，宽度 60 ~ 80 m。大功率低频激电测量结果则显示异常进一步向北西方向延伸。北部异常的大功率低频激电测量结果与双频激电测量有所差异，但仍然显示出北部异常总体呈北东方向展布，可能反映了当地的地质构造特点，该异常长约 380，宽度 100 m。

测区Ⅱ：在不同的时间内所进行的两种方法测量结果，其对应的异常形态具有很好的一致性，且异常强度相当；进一步证实矿致异常确实存在。该异常走向 320°，长度 100 m 以上，最宽 50 m。

3)激电测深结果解释

多参数激电测深方法，主要是用于了解引起地面物探异常的目标体在地下的埋深、大致的厚度、目标体的性质，是当前用于物探异常体空间定位的最重要手段之一。该方法是根据视幅频率、视电阻率和相位差随供电极极距或位置的变化情况，来推定引起地面物探异常目标体的空间特征。

本次研究工作共采用两种不同方法，在 5 个点位上进行了 6 次多参数激电测深。

(1)双频激电仪的对称四极测深法。

1 号测点：位于测区Ⅰ的 84 号勘探线的 28 号点，从双频激电仪的对称四极测深曲线图(图 7-11)中可以得出：异常体埋藏深度在 130 m 左右。

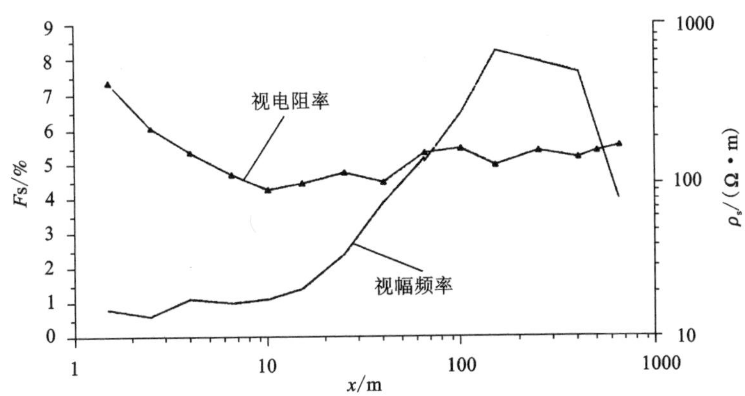

图 7-11　喀拉通克 84 号勘探线 28 点对称四极测深曲线图

2 号测点：位于测区Ⅰ的 84 号勘探线的 30 号点，从双频激电仪的对称四极测深曲线图(图 7-12)中可以推测出：异常体埋藏深度在 150 m 左右。1、2 号测点的测深结果非常接近，可以推断出：测区Ⅰ中引起南部物探异常的异常体埋深为 130~150 m，异常体产状陡立。

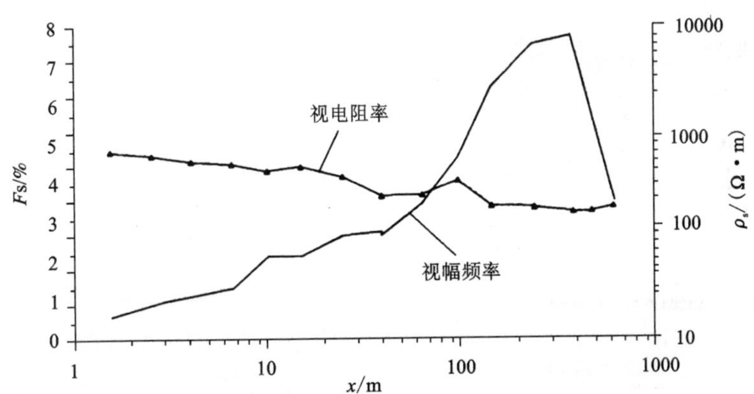

图 7-12　喀拉通克 84 号勘探线 30 点对称四极测深曲线图

3 号测点：位于测区Ⅱ的 67 号勘探线的 14 号点，从双频激电仪的对称四极测深曲线图(图 7-14)中可以得出：异常体埋藏深度在 150 m 左右。

(2)低频大功率激电仪的偶极距测深法。

3 号测点：位于测区Ⅱ的 67 号勘探线的 14 号点，从低频大功率激电仪的偶极距测深成果图(图 7-14)中可以得出：在该测点深部确实存在一个低电阻、高激化率的板状异常体，且异常非常明显，异常体埋藏深度在180 m左右。

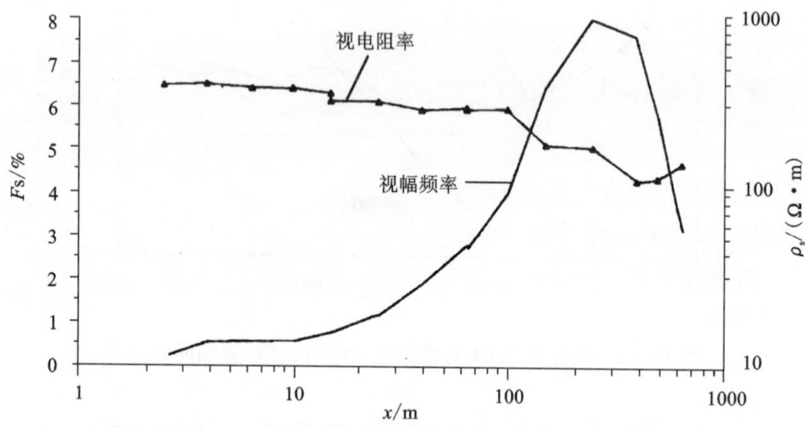

图7-13　喀拉通克67号勘探线14点对称四极测深曲线图

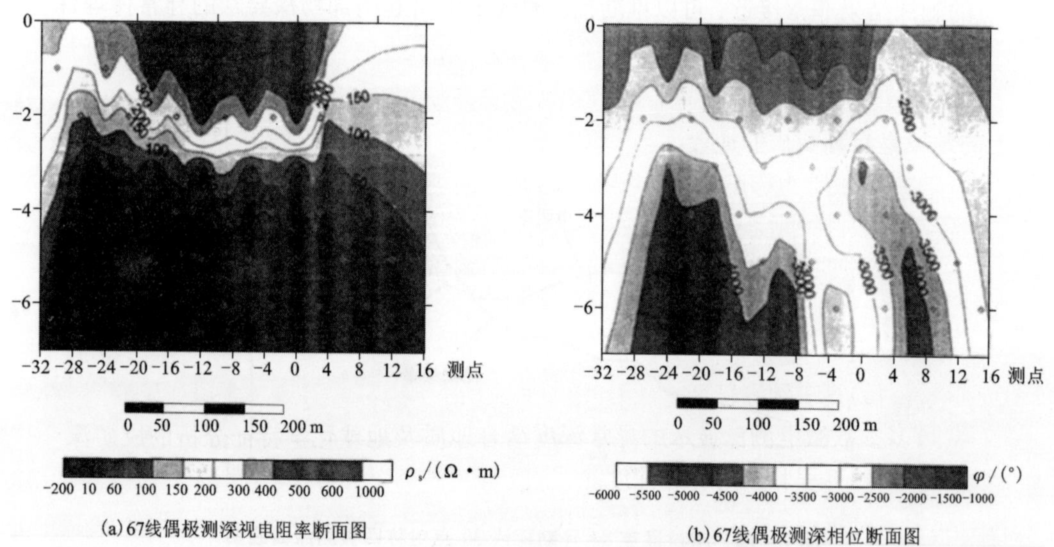

图7-14　大功率低频激电仪偶极测深成果图

综上所述，通过两年来采用双频激电仪和低频大功率激电仪两种激电仪器，证明测区Ⅱ和测区Ⅰ的物探异常均很稳定，特别是测区Ⅱ的异常和测区Ⅰ的南部异常，三种不同方法，均一致表现出矿致异常的特征，具有进一步工作的价值；而测区Ⅰ的北部异常也值得重点关注。

7.3　隐伏岩矿体找矿预测分析

7.3.1　隐伏岩矿体找矿预测准则

在详细分析本区的地球物理异常的基础上，结合本区的已知矿床产出的成矿条件、矿床的地质地球化学特征、控矿地质因素等，对喀拉通克矿区及近围的找矿预测准则可归纳如下：

(1)喀拉通克成矿带内，下石炭统南明水组岩屑晶屑沉凝灰岩夹灰色凝灰质板岩和凝灰质碳质泥板岩发育的地段是有利的找矿层位。

(2)与区域构造线方向一致的北西向褶皱、断裂构造带发育部位，特别是北西向构造与近南北向断裂交汇的部位是有利的找矿部位。

(3)地表发育有可能指示隐伏含矿岩体的硅化、角岩化和碳酸盐化围岩蚀变，且蚀变较明显的地段是有利的找矿地段。

(4)发育有与热液矿床类似特征的 B、As、Ba(Mo、I、F)等远程指示元素原生晕正异常的区段是有利的找矿区段。

(5)区域航磁异常和地面异常基本一致，地面高精度磁测磁异常在 600nT 以上的地段是有利找矿的地段。

(6)在区域重力梯度带上，过滤区域场后具有明显剩余重力异常，且剩余重力异常呈近似椭圆形态特征部位是有利的找矿部位。

(7)双频激电测量圈定的高激化、低电阻的综合异常靶区是有利的找矿预测靶区。

(8)低频大功率激电测量中，综合异常明显、且与双频激电异常吻合较好的靶区是有利的找矿预测靶区。

(9)多参数激电测深显示的异常深度结合地质及地球化学特征分析的成矿深度是找矿预测工程验证的有利深度。

在某一特定的找矿预测区内进行找矿预测时，上述这些预测准则可能不一定会全部出现，但是，上述这些找矿预测准则在一个预测区内出现得越多，找到隐伏岩矿体的可能性就会越大。只要在找矿预测工作中能抓住主要的找矿信息，就能对找矿预测区的隐伏岩(矿)体作出很好的评价。

7.3.2　找矿预测区内重点地段的主要预测依据

依据上述找矿预测准则，作者在喀拉通克铜镍矿区及近围圈定了两个找矿预测区(测区Ⅰ、测区Ⅱ)和 3 个找矿有利地段(测区Ⅰ的南部异常地段、北部异常地段和测区Ⅱ的异常地段)。其中,测区Ⅱ的异常地段和测区Ⅰ的南部异常地段的成矿地质条件和找矿预测信息最佳,为此次提供的2个找矿预测靶位。

1. 测区Ⅱ的异常地段的主要预测依据

(1)该区位于喀拉通克成矿带内矿区控岩控矿的北西向褶皱 - 断裂构造带中,是矿区北岩带的组成部分。

(2)该处出露下石炭统南明水组岩屑晶屑沉凝灰岩,夹灰色凝灰质板岩和凝灰质碳质泥板岩,围绕 Y_4 岩体北侧,地层中发育有可能指示隐伏含矿岩体的硅化、角岩化的灰黑色蚀变晕和碳酸盐蚀变体。

(3)具有明显的重磁异常;前人在此圈定了一个幅值约 0.20×10^{-5} m/s^2 的走向北北西的椭圆形重力异常。

(4)位于双频激电测量所圈定的高激化(视幅频率值高达8%)、低电阻(电阻率小于100 Ω·m)的综合异常区内。

(5)低频大功率激电测量中,综合异常明显,且与双频激电异常吻合得很好。

(6)双频激电仪的对称四极测深和低频大功率激电仪的偶极距测深均显示该处存在一个异常非常明显的低电阻、高激化率的板状异常体,异常体埋藏深度约为180 m。

2. 测区Ⅰ的南部异常地段的主要预测依据

(1)该区位于喀拉通克成矿带内、分布于矿区控岩控矿的北西向褶皱 - 断裂构造带中,是矿区南岩带向西延伸的部分;另外,测区内发育有闪长岩脉。

(2)该处出露下石炭统南明水组岩屑晶屑沉凝灰岩,夹灰色凝灰质板岩和凝灰质碳质泥板岩,地层中发育有中等强度的硅化、角岩化和较弱的碳酸盐化。

(3)地面具有高于600nT磁异常,磁异常明显。

(4)位于双频激电测量圈定的高激化(视幅频率值高达9%)、低电阻(电阻率小于100 Ω·m)的综合异常区内。

(5)低频大功率激电测量显示,综合异常明显,且与双频激电异常吻合较好。

(6)双频激电仪的对称四极测深结果显示,1、2号测点的深部存在一个异常非常明显的低电阻、高激化率的异常体,异常体埋深约为130 m,异常体产状陡立。

3. 测区Ⅰ的北部异常地段的主要预测依据

(1)该区位于喀拉通克成矿带内,存在于矿区控岩控矿的北西向褶皱 - 断裂构造带中,是矿区北岩带的组成部分。

(2)该处出露下石炭统南明水组岩屑晶屑沉凝灰岩,夹灰色凝灰质板岩和凝灰质碳质泥板岩,地层中发育有可能指示隐伏含矿岩体的硅化、角岩化的灰黑色蚀变晕和碳酸盐蚀变体。

(3)以往的工作在此圈定了一个幅值约 $0.20\times10^{-5} m/s^2$ 的椭圆形走向北北西的重力异常。

(4)此次工作显示该区位于双频激电测量圈定的高激化(视幅频率值高达8%)、低电阻(电阻率小于100 Ω·m)的综合异常区内；但该异常的延伸方向与区域构造方向垂直，因此异常的等级要低于测区Ⅱ。

(5)低频大功率激电测量中，综合异常明显，且与双频激电异常吻合得很好。

(6)双频激电仪的对称四极测深和低频大功率激电仪的偶极距测深均显示该处存在一个异常非常明显的低电阻、高激化率的板状异常体，异常体埋藏深度约为180 m。

7.4　喀拉通克成矿带多元地学信息找矿预测模型

在综合分析上述地质、地球化学、地球物理特征的基础上，结合本区现有的找矿实践，进一步建立了喀拉通克铜镍成矿带的综合地学找矿预测模型，如图7-15所示。

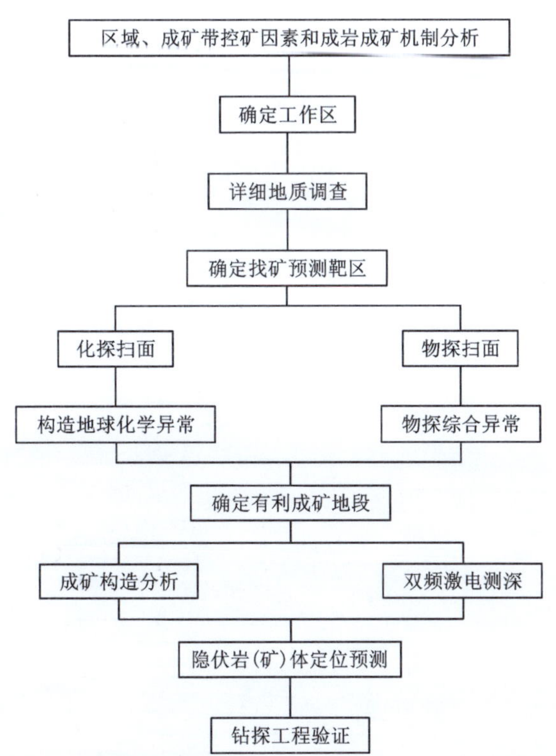

图7-15　喀拉通克铜镍成矿带多元地学信息找矿预测模型

7.5 找矿预测测区内靶位的确定

根据上述找矿预测研究工作成果和多元地学信息找矿预测模型研究，进一步确定了找矿预测靶位：

(1) Ⅰ号靶位：位于Ⅰ号预测区(测区Ⅰ)内，具体靶位定于1016高地东南边，84号勘探线的30号点处，预计见矿深度为130~150 m。

(2) Ⅱ号靶位：位于Ⅱ号预测区(测区Ⅱ)内，具体靶位定于矿区67号勘探线的Y_4岩体以北120 m处，预计见矿深度为180 m左右。

结　论

本书采用地质综合分析法、岩石学分析法、地球化学分析法(包括微量元素分析法、稀土元素分析法、同位素地球化学分析法等)、成矿流体包裹体分析法、地球物理研究法和多因素综合信息分析法，对本区的区域成矿地质条件、矿区地质特征、矿床地质特征、地球物理特征、成岩成矿地球化学特征、成岩成矿模式，以及隐伏岩(矿)体找矿预测和地学综合找矿预测模型进行了较详细的研究，取得的主要地质认识和创新成果如下：

(1)喀拉通克铜镍矿床的大地构造位置：从地洼学说观点分析，其处于阿尔泰地洼区与准噶尔地洼区的过渡部位，北有额尔齐斯北西向深断裂，南有乌沦古北西向深断裂，东邻卡依尔特—二台近南北向大断裂；从板块学说观点分析，本区位于西伯利亚板块与哈萨克斯坦—准噶尔板块的结合部位，额尔齐斯带挤压构造带是上述两大板块的碰撞缝合带，其北为西伯利亚板块，其南为哈萨克斯坦—准噶尔板块。总之，其所处位置是构造的活动部位，成矿的有利部位，具有广阔的找矿前景。

(2)分析了喀拉通克成矿带地层、构造、岩浆岩与成矿的关系，指出本区南明水组中段及上段的浊积扇沉积夹多层安山岩是矿区含矿岩体的直接围岩，地层层位与所赋存矿体之间无成因上的联系，地层对成矿的作用主要是具有良好的屏蔽作用，能有效地阻止含矿岩浆、矿浆的渗溢和散发，使成岩成矿作用得以充分进行，同时南明水组的火山物质来源于地幔，它们具有统一的控制机理和空间分布；本区的基性岩体给本区带来了大量成矿物质，北西向构造为岩浆的侵入和成岩成矿提供了通道和有利的场所；它们三者的有机结合和综合作用最终导致了矿床的形成。

(3)通过对含矿岩体的系统的岩石学和岩石化学研究，得出了主要岩体岩石学特征和岩石化学特征，指出本区含矿岩体属于正常类型的镁铁质侵入体，具有富镁铁、贫钙、略富碱和贫硅、铝的特点。分异好的、基性程度高的岩体往往含矿好。含矿岩体的岩相分带明显，主要由辉绿辉长岩相、橄榄苏长岩相、苏长岩相和闪长岩相带构成，各岩相带之间均呈渐变过渡关系。辉绿辉长岩相是岩体的边缘相岩石，分布于岩体的底部及边缘，主要由黑云角闪橄榄辉绿辉长岩和黑云角闪辉绿辉长岩组成；橄榄苏长岩相带分布于岩体的中下部，主要由暗色黑云角闪橄榄苏长岩、黑云橄榄苏长岩、暗色角闪橄榄苏长岩等组成，该岩相带以铁镁矿物含量多、铜镍矿化好为特点；苏长岩相带分布于岩体中上部，主要由黑云角闪苏长岩、角闪黑云苏长岩、黑云苏长岩、角闪苏长岩等组成，该岩相带中金属硫化物含量较低，在上部呈星散状分布，在下部呈稀疏－中等浸染状或沿裂隙呈细脉状、网脉状分布；闪长岩相带分布于岩体上部，主要由辉石闪长岩、黑云闪长岩及石英闪长岩等组成，该岩相带中矿化微弱，属不含矿岩相带。本区岩体的主要造岩矿物有橄榄石、古铜辉石、普通辉石、棕色普通角闪石、黑云母、斜长石等；其中，棕色普通角闪石、黑云母、斜长石存在于岩体的各个岩相带中，为贯通矿物；橄榄石的f_{O_2}值为76.29%～78.64%，它与古铜辉石一起共存于岩体下部的基性程度较高的岩石中；普通角闪石在辉绿辉长岩中为主要矿物；在岩体上部的闪长岩中还可见少量碱性长石和石英。

(4)岩体的稀土元素配分模式，为相对富集轻稀土、亏重稀土的缓倾斜曲线，说明原始岩浆是地幔物质部分熔融的产物；金属硫化物的硫同位素组成变化范围小，呈塔式分布，峰值在零值附近；主要岩体的铷锶同位素的初始比值为0.7033～0.7044，主要岩体的铷锶等时线年龄为288～302 Ma；岩体的铅同位素主要落于大洋火山岩铅的范围；这些均表明成岩物质来源于地幔，其母岩浆是起源于地幔的亚碱性橄榄拉斑玄武岩浆。

(5)本书系统研究了本区的围岩蚀变特征，指出由于主要岩体的侵位，使围岩发生了接触热变质、碳酸盐化、硅化；岩体内部的蚀变作用强烈、蚀变发育，主要蚀变有滑石化、蛇纹石化、皂石化、绿泥石化、阳起石化、绢云母化、钠黝帘石化、碳酸盐化、钠长石化、硅化和葡萄石化等。

(6)通过对矿床中矿物成分、矿物共生组合、矿石化学成分、矿石的结构构造等的研究，本书将矿石分为致密块状矿石、稠密浸染状矿石、中等稠密浸染状矿石、稀疏浸染状矿石和脉状矿石等。在矿体中，一般情况下致密块状特富矿矿石居中，向外依次为稠密浸染状矿石、中等稠密浸染状矿石和稀疏浸染状矿石。致密块状矿石与稠密浸染状矿石之间，一般界线明显，而各类浸染状矿石之间以及它们与围岩之间则呈渐变过渡关系。但也存在致密块状矿石与稀疏浸染状矿石，甚至与围岩直接相接触的现象。致密块状特富矿石可分为致密块状特富铜镍矿石和高铜致密块状矿石，它们是由深部熔离的矿浆贯入形成的，这一点在岩(矿)石的稀土元素和铂族元素的分析中，得到了证明。

(7)作者对本区南、北岩带的岩(矿)石进行了较详细的稀土元素和铂族元素地球化学分析，首次从元素地球化学方面论证了本区南、北岩带含矿岩体的成岩成矿母岩为同一来源，它们之间的差异主要是由母岩的深部熔离作用和侵位到目前位置的环境差异造成的。

(8)在综合分析研究区的区域成矿地质背景、矿床地质特征、元素地球化学特征、矿物包裹体成分的基础上，本书首次提出本区的主要成矿元素主要来源于地球核－幔边界的新观点，建立了成岩成矿模式。

(9) 证实和确立了本区的地球物理找矿标志是“三高一低”：即高磁异常(大于 630 nT)、高激电异常(大于 7%)、高重力异常和低电阻(低于 150 Ω·m)。

(10) 在详细分析本区的地球物理综合异常的基础上，结合本区的已知矿床产出的成矿条件、矿床地质特征、地球化学特征、控矿地质因素等，作者首次总结归纳了本区的找矿预测准则，圈定了两个找矿预测区(测区Ⅰ，测区Ⅱ)，确定了 2 个找矿预测靶位，进一步建立了综合地学找矿预测模型。

参考文献

[1]邓振球.新疆铜镍硫化物矿床地质－地球物理模式及找矿标志[J].新疆地质，1990，(3)：193－204.

[2]汤中立，任端进，薛端进.中国镍矿床[M].北京：地质出版社，1989.

[3]涂光炽.庞然大物：与寻找超大型矿床有关的基础研究[M].湖南科学技术出版社，1995.

[4]涂光炽.试论非常规超大型矿床物质组成、地质背景、形成机制的某些独特性——初谈非常规超大型矿床[J].中国科学：1998，(S2)：2－7.

[5]唐杰，张凯，鲍长利.贵金属资源的应用及开发[J].世界地质，1998，(sj)：98－102.

[6]Naldrett A J. NICKEL SULPHIDE DEPOSITS-THEIR CLASSIFICATION AND GENESIS, WITH SPECIAL EMPHASIS ON DEPOSITS OF VOLCANIC ASSOCIATION[J], 1973, 76: 183－201.

[7]Naldrett A J. Project No. 161 and a proposed classification of Ni－Cu－PGE sulfide deposits[J]. Canadian Mineralogist, 1979, 17: 143－145.

[8]Naldrett A J. Partitioning of Fe, Co, Ni, and Cu between sulfide liquid and basaltic melts and the composition of Ni－Cu sulfide deposits; reply and further discussion[J]. Economic Geology, 1978, 74(6): 1520－1528.

[9]Naldrett A J. Nickel sulfide depesits: classification, composition, and genesis[J]. Economic Geology, 1981, 6: 285.

[10]Naldrett A J. Key factors in the genesis of Noril′sk, Sudbury, Jinchuan, Voisey′s Bay and other world - class Ni - Cu - PGE deposits: Implications for exploration[J]. Australian Journal of Earth Sciences, 1997, 44(3): 283－315.

[11]Naldrett A J. Magmatic Sulfide Deposits[M]. Springer, 2004: 675－676.

[12]Naldrett A J. Magmatic sulfide deposits: geology, geochemistry and exploration[M]. Springer Science & Business Media, 2004.

[13]汤中立，杨杰东，徐士进，陶仙聪，李文渊. Sm－Nd DATING OF THE JINCHUAN ULTRAMAFIC ROCK BODY, GANSU, CHINA[J]. Chinese Science Bulletin, 1992, 37(23): 1988－1990.

[14]汤中立，李文渊.中国硫化镍矿床成矿规律的研究与展望[J].矿床地质，1991，(3)：193－203.

[15]汤中立，李文渊.金川铜镍硫化物(含铂)矿床成矿模式及地质对比[M].北京：地质出版社，1995.

[16]Naldrett A J., Cabri L J. Ultramafic and related mafic rocks; their classification and genesis with special reference to the concentration of nickel sulfides and platinum－group elements[J]. Economic Geology, 1976, 71(7): 1131－1158.

[17]王润民. 中华人民共和国地质矿产部地质专报四：矿床与矿产：第19号：新疆喀拉通克一号铜镍硫化物矿床[M]. 北京：地质出版社，1991.

[18]Morgan J W. Ultramafic xenoliths: Clues to Earth´s late accretionary history[J]. Journal of Geophysical Research Solid Earth, 1986, 91(B12): 12375 – 12387.

[19]Porcelli D R, Nions R K O, Galer S J G, Cohen A S, Mattey D P. Isotopic relationships of volatile and lithophile trace elements in continental ultramafic xenoliths[J]. Contributions to Mineralogy & Petrology, 1992, 110(4): 528 – 538.

[20]Oberthür T, Melcher F, Henjes-Kunst F, Gerdes A, Stein H, Zimmerman A, El Ghorfi M. Hercynian age of the cobalt-nickel-arsenide-(gold) ores, Bou Azzer, Anti-Atlas, Morocco: Re – Os, Sm – Nd, and U – Pb age determinations[J]. Economic Geology, 2009, 104(7): 1065 – 1079.

[21]李文渊. Re – Os 同位素体系及其在岩浆 Cu – Ni – PGE 矿床研究中的应用[J]. 地球科学进展，1996，11(dx)：580 – 584.

[22]杜乐天. 地壳流体与地幔流体间的关系[J]. 地学前缘，1996，(dx)：172 – 180.

[23]曹荣龙，朱寿华. 地幔流体与金属成矿作用[C]//涂光炽：地幔流体与软流层(体)地球化学，1996：536 – 459.

[24]曹荣龙. 地幔流体的前缘研究[J]. 地学前缘，1996，(dx)：161 – 171.

[25]Jackson E D，梅厚钧. 堆积作用产生的超镁铁岩成因论[J]. 地球与环境，1974，(3)：10 – 12.

[26]Irvine R J, Smith M J. Geophysical exploration for epithermal gold deposits[J]. Journal of Geochemical Exploration, 1990, 36(1): 375 – 412.

[27]Ross J R, Hopkins G M F. Kambalda nickel sulphide deposits[J]. Economic Geology of Australia and Papua New Guinea, 1975, : 100 – 119.

[28]戈尔布诺夫. 科拉半岛贝辰加地区硫化铜镍矿床的分布规律[C]//国外与基性、超基性岩有关的硫化铜镍矿床资料专集，1975.

[29]梅厚钧. 国外基性 – 超基性岩成岩成矿理论研究的近况及趋向[J]. 地球与环境，1974，(3)：3 – 9.

[30]傅德彬. 基性 – 超基性岩硫化铜镍矿浆形成机理及成矿作用特征[J]. 吉林地质，1983，(2)：15 – 27.

[31]李春昱，王荃. 我国北部边陲及邻区的古板块构造与欧亚大陆的形成[C]//唐克东. 中国北方板块构造文集，1983：3 – 17.

[32]刘德权，唐延龄，周汝洪. 新疆北部地壳发展各阶段的岩浆建造及其成矿作用[J]. 新疆地质，1990，(4)：279 – 292.

[33]吴庆福. 试论准噶尔中间地块的存在及其在哈萨克斯板块演化中的位置[C]//唐克东. 中国北方板块构造论文集，1987：29 – 38.

[34]李锦轶，肖序常，汤耀庆，赵民，冯益民，朱宝清. 新疆北部金属矿产与板块构造[J]. 新疆地质，1992，(2)：138 – 146.

[35]曹荣龙，朱寿华，朱祥坤等. 新疆北部板块与地体构造格局[C]//涂光炽：新疆北部固体

地球科学新进展，1993：11－26.

[36]汤耀庆，肖序常，赵民．新疆北部大地构造研究的新进展[J]．新疆地质科学，1993，4：1－11.

[37]周玉泉．关于准噶尔盆地基底性质的探讨[J]．新疆地质科学，1994，5：19－27.

[38]孙少华，张琴华．新疆北部晚古生代沉积盆地类型及其沉积特征[J]．地质论评，1994，40(1)：55－63.

[39]李向东．板块聚合活动带及其研究[J]．新疆地质，1996：120－126.

[40]倪守斌，满发胜，黎彤．新疆北部地区的大地构造背景[J]．地质科学，1999，34(2)：177－185.

[41]何国琦，刘德权，李茂松，唐延龄，周汝洪．新疆主要造山带地壳发展的五阶段模式及成矿系列[J]．新疆地质，1995，(2)：99－176.

[42]陈毓川，刘德权，应立娟，王登红，唐延龄．新疆觉罗塔格成矿带与南阿尔泰成矿带的对比研究[J]．矿床地质，2009，28(1)：1－14.

[43]刘德权，唐延龄，周汝洪．中国新疆矿床成矿系列类型[J]．矿床地质，1996，(kc).

[44]肖序常，汤耀庆．古亚洲复合巨型缝合带南缘构造演化[M]．北京：科学出版社，1991.

[45]肖序常，汤耀庆，李锦轶．试论新疆北部大地构造演化[J]．新疆地质科学，1990，1：47－67.

[46]陈衍景．准噶尔造山带碰撞体制的成矿作用及金等矿床分布规律[J]．地质学报，1996，(3)：253－261.

[47]陈哲夫，成守德，梁云海等．新疆开合构造与成矿[J]．乌鲁木齐：新疆科技卫生出版社，1997：199－243.

[48]陈哲夫，徐新．中国阿尔泰陆缘开合构造系基本特征．[C]//新疆第三届天山地质矿产学术讨论会论文选辑，1995：15－27.

[49]陈哲夫，梁云海．新疆多旋回构造与板块运动[J]．新疆地质，1991，(2)：95－107.

[50]陈国达．亚洲陆海壳体大地构造[M]．长沙：湖南教育出版社，1998.

[51]陈国达．地洼学说：活化构造及成矿理论体系概论[M]．长沙：中南工业大学出版社，1996.

[52]陈国达．地洼学说的新进展[M]．北京：科学出版社，1992.

[53]陈国达．成矿构造研究法[M]．北京：地质出版社，1978.

[54]尹荷中．新疆北部大地构造的几个特点[J]．新疆地质，1987，(1)：37－44.

[55]尹荷中．对北疆几个大地构造问题的讨论[J]．大地构造与成矿学，1985，(1)：95－100.

[56]李志纯．阿尔泰造山带构造演化研究中的几个关键问题剖析[J]．大地构造与成矿学，1996，(dg)：283－287.

[57]张湘炳，杨新岳．阿尔泰地区大地构造演化体制及其形成机理[C]//涂光炽：新疆北部固体地球科学新进展，1993：173－184.

[58]胡霭琴，李启新．新疆北部主要地质事件同位素年表[J]．地球化学，1995，(dq)：20－31.

[59]胡霭琴等．新疆北部地质演化及成岩成矿规律[M]．北京：科学出版社，1997.

[60]何国琦，李茂松，贾进斗，周辉．论新疆东准噶尔蛇绿岩的时代及其意义[J]．北京大学学

报(自然科学版)，2001，37(6)：852－858.

[61]吴波. 新疆布尔根蛇绿混杂岩的发现及其大地构造意义[M]. 北京：地质出版社，2006：476－486.

[62]秦元喜，董志远，张福振. 额尔齐斯－玛因鄂博断裂带——新疆一个重要的构造结合带[C]//中国地质科学院南京地质矿产研究所文集，1991：69－75.

[63]邹永兴. 新疆阿尔泰地区变质作用的基本特征[C]//芮行健：新疆阿尔泰金矿床论文集，1994：230－238.

[64]芮行健，朱韶华. 新疆阿尔泰原生金矿基本特征及区域成矿模式[J]. 地质论评，1993，39(2)：138－148.

[65]韩宝福，郭召杰，何国琦. "钉合岩体"与新疆北部主要缝合带的形成时限[J]. 岩石学报，2010，26(8)：2233－2246.

[66]韩宝福，季建清，宋彪，陈立辉，李宗怀. 新疆喀拉通克和黄山东含铜镍矿镁铁－超镁铁杂岩体的SHRIMP锆石U－Pb年龄及其地质意义[J]. 科学通报，2004，49(22)：2324－2328.

[67]方爱民，王世刚，张俊敏，藏梅，方家虎，胡健民. 新疆北部卡拉麦里蛇绿岩中辉长岩的锆石U－Pb年龄及其构造意义[J]. 地质科学，2015，50(1)：140－154.

[68]新疆维吾尔自治区区域地层表编写组. 西北地区区域地层表：新疆维吾尔自治区分册[M]. 北京：地质出版社，1981.

[69]王京彬. 阿尔泰山南缘火山喷流沉积型铅锌矿床[M]. 北京：地质出版社，1998.

[70]刘伟. 新疆阿尔泰地区岩浆岩类的等时线年龄、地壳构造运动以及构造环境的发展演化[J]. 新疆地质科学，1993，4：35－50.

[71]牛贺才，单强，张兵，罗勇，杨武斌，于学元. 东准噶尔扎河坝蛇绿混杂岩中的石榴角闪岩[J]. 岩石学报，2009，25(6)：1484－1491.

[72]张继军. 准噶尔盆地西北缘上古生界成岩－极低级变质作用研究[D]. 中国地质大学，1999.

[73]张赛珍，刘元龙，任国泰. 几种新一代地球物理方法在寻找铜镍矿床中的优越性及其应用效果[C]. 涂光炽：新疆北部固体地球科学新进展，1993：439－456.

[74]王福同. 中华人民共和国地质矿产部地质专报. 四，矿床与矿产，第23号，新疆喀拉通克铜镍金矿带成矿规律和找矿模式[M]. 北京：地质出版社，1992.

[75]李华芹等. 新疆北部有色贵金属矿床成矿作用年代学[M]. 北京：地质出版社，1998.

[76]Barker S L, Bennett V C, Cox S F, Norman M D, Gagan M K. Sm－Nd, Sr, C and O isotope systematics in hydrothermal calcite-fluorite veins: Implications for fluid-rock reaction and geochronology[J]. Chemical Geology, 2009, 268(1): 58－66.

[77]Norman D. I., Landis G. P. Source of mineralizing components in hydrothermal ore fluids as evidenced by 87 Sr/ 86 Sr and stable isotope data from the Pasto Bueno deposit, Peru[J]. Economic Geology, 1983, 78(3): 451－465.

[78]韩金生，姚军明，邓小华. 东秦岭沙沟银铅锌矿床成矿流体来源的锶同位素约束[J]. 岩石学报，2013，29(1)：18－26.

[79]戴塔根，尹学朗，张德贤.喀拉通克铜镍矿成岩成矿模式[J].中国有色金属学报，2013，(9)：2567－2573.

[80]Ohmoto H. Isotopes of sulfur and carbon[J]. Geochemistry of Hydrothermal Ore Deposits，1979：509－567.

[81]Ohmoto H. Systematics of Sulfur and Carbon Isotopes in Hydrothermal Ore Deposits[J]. Economic Geology，1972，67(5)：551－578.

[82]蒋少涌.我国金矿床同位素地质研究的新进展[J].矿床地质，1988，(2)：94－98.

[83]周振菊，蒋少涌，秦艳，赵海香，胡春杰.小秦岭文峪金矿床流体包裹体研究及矿床成因[J].岩石学报，2011，27(12)：3787－3799.

[84]赵海香.河南小秦岭金矿成矿作用地球化学研究[D]. 南京大学，2011.

[85]王润民，李楚思.新疆哈密黄山东铜镍硫化物矿床成岩成矿的物理化学条件[J].成都理工大学学报(自科版)，1987，(3)：4－12.

[86]Galimov E M. The relation between formation conditions and variations in isotope composition of diamonds[J]，1985，8(8)：1091－1118.

[87]Deines P. Mantle Carbon：Concentration，Mode of Occurrence，and Isotopic Composition[M]. Springer Berlin Heidelberg，1992：133－146.

[88]Nadeau S，Pineau F，Javoy M，Francis D. Carbon concentrations and isotopic ratios in fluid-inclusion-bearing upper-mantle xenoliths along the northwestern margin of North America ☆[J]. Chemical Geology，1990，81(4)：271－297.

[89]王先彬，吴茂炳.地幔流体的稳定同位素地球化学综述[J].地球与环境，2000，28(3)：69－73.

[90]陈莉.小秦岭大湖金矿床成矿流体特征及矿床成因探讨[D]. 中国地质大学(北京)，2006.

[91]Kyser T K. Stable isotope variations in the mantle[J]. Reviews In Mineralogy，1986，16：491－559.

[92]Eiler J M，Farley K A，Valley J W，Hauri E，Craig H，Hart S R，Stolper E M. Oxygen isotope variations in ocean island basalt phenocrysts[J]. Geochimica et Cosmochimica Acta，1997，61(11)：2281－2293.

[93]Sheppard S M F，Epstein S. D/H and 18O/ 16O ratios of minerals of possible mantle or lower crustal origin[J]. Earth & Planetary Science Letters，1970，9(3)：232－239.

[94]卢焕章.流体不混溶性和流体包裹体[J].岩石学报，2011，27(05)：1253－1261.

[95]王燕海，徐九华，刘泽群，魏浩.额尔齐斯成矿带萨尔布拉克金矿床构造－流体特征[J].矿床地质，2010，29(s1)：611－612.

[96]陈衍景，倪培，范宏瑞，Pirajno F，赖勇，苏文超，张辉.不同类型热液金矿系统的流体包裹体特征[J].岩石学报，2007，(09)：2085－2108.

[97]陈德潜.稀土元素地球化学的若干问题[J].地球学报，1993，(z1)：117－119.

[98]刘月星，唐红松.中国铜镍硫化物矿床类型及控矿条件[J].矿产与地质，1998，(kc)：86－90.

[99]唐红松，刘月星.我国铜镍硫化物矿床的稀土元素地球化学特征[J].矿产与地质，1998，(kc)：225－229.

[100]Ashwal L D, Seifert K E. Rare-earth-element geochemistry of anorthosite and related rocks from the Adirondacks, New York, and other massif-type complexes: Summary[J]. Geological Society of America Bulletin, 1980, 91(2): 659－685.

[101]王勇.新疆东准噶尔卡拉麦里晚古生代构造演化：来自同位素年代学及地球化学的证据[D].兰州大学，2015.

[102]贾志永，张铭杰，汤中立，李文渊，任立业，胡沛青.新疆喀拉通克铜镍硫化物矿床成矿岩浆作用过程[J].矿床地质，2009，28(5)：673－686.

[103]赵振华.某些常用稀土元素地球化学参数的计算方法及其地球化学意义[J].地质地球化学，1985，1：11－14.

[104]Ding L, Ma C, Li J, Wang L. Geochronological, geochemical and mineralogical constraints on the petrogenesis of appinites from the Laoniushan complex, eastern Qinling, central China[J]. Chemie der Erde-Geochemistry, 2016, 2: 579－595.

[105]Lightfoot P C, Keays R R, Morrison G G, Bite A, Farrell K P. Geologic and geochemical relationships between the contact sublayer, inclusions, and the main mass of the Sudbury Igneous Complex; a case study of the Whistle Mine Embayment[J]. Economic Geology & the Bulletin of the Society of Economic Geologists, 1997, 92(6): 647－673.

[106]Keays R R. Direct crystallization of refractory platinum - group element alloys from boninitic magmas: Evidence from western Tasmania[J]. Australian Journal of Earth Sciences, 1992, 39(3): 373－387.

[107]Crocket J H. Geochemistry of the platinum-group elements[J]. CIM Special, 1981, 23: 391－402.

[108]Barnes S J, Zientek M L, Severson M J. Ni, Cu, Au, and platinum-group element contents of sulphides associate[J]. Canadian Journal of Earth Sciences, 1997, 34(34): 337－351.

[109]Barnes S J, Naldrett A J, Gorton M P. The origin of the fractionation of platinum-group elements in terrestrial magmas[J]. Chemical Geology, 1985, 53(3): 303－323.

[110]Chen Y. PARAGENESIS OF PLATINUM-GROUP MINERALS[J]. Geoscience, 2001, 15(2): 131－142.

[111]Rehkämper M, Halliday A N, Fitton J G, Lee D C, Wieneke M, Arndt N T. Ir, Ru, Pt, and Pd in basalts and komatiites: new constraints for the geochemical behavior of the platinum-group elements in the mantle[J]. Geochimica et Cosmochimica Acta, 1999, 63(22): 3915－3934.

[112]Akiyama T.氢化燃烧合成贮氢材料[J].有色金属文摘，1998，13(3)：51.

[113]郑永飞，傅斌.岩浆去气作用碳硫同位素效应[J].地质科学，1996，(dz)：43－53.

[114]夏群科，郑永飞，葛宁洁，Deloule E.大别山北部黄土岭片麻岩的锆石U－Pb年龄和氧同位素组成：古老的原岩和多阶段历史[J].岩石学报，2003，19(3)：506－512.

[115]郑永飞.新元古代雪球地球事件与地幔超柱活动[J].自然杂志，2005，27(1)：28－32.

[116]ZHENG Y, CHEN R, ZHANG S, TANG J, ZHAO Z, WU Y. Zircon Lu－Hf isotope study of

ultrahigh-pressure eclogite and granitic gneiss in the Dabie orogen[J]. SciEngine, 2007, 46(10): 843 - 846.

[117]陈伊翔，郑永飞，陈仁旭，张少兵. 极端亏损^{18}O的超高压变质岩中锆石的生长与重结晶：锆石原位微量元素、U - Pb, Lu - Hf 和 O 同位素制约. [C]//全国岩石学与地球动力学研讨会, 2010.

[118]代富强，赵子福，郑永飞. 板片 - 地幔相互作用：大别造山带碰撞后安山质火山岩成因[J]. 吉林大学学报：地球科学版, 2015, (S1).

[119]秦克章，田野，王勇，王斌，唐冬梅，康珍. 新疆喀拉通克铜镍矿田成矿条件、岩浆通道与成矿潜力分析[J]. 中国地质, 2014, 41(3): 912 - 935.

[120]焦建刚，王勇，钱壮志，王斌，鲁浩，刘欢，郑鹏鹏. 新疆喀拉通克铜镍硫化物矿床 Y9 岩体年代学与成岩成矿机制探讨[J]. 矿床地质, 2014, 33(4): 675 - 688.

[121]田野，秦克章，秦华峰，毛亚晶，姚卓森，薛胜超. 岩浆流向在找矿工作中的应用 - 以喀拉通克岩浆铜镍硫化物矿床为例[J]. 矿床地质, 2014, (s1): 1031 - 1032.

[122]毛亚晶，秦克章，唐冬梅，薛胜超，冯宏业，田野. 东天山岩浆铜镍硫化物矿床的多期次岩浆侵位与成矿作用——以黄山铜镍矿床为例[J]. 岩石学报, 2014, 30(6).

[123]王建中，钱壮志，高萍，孙涛，刘民武，王勇，王斌. 新疆喀拉通克铜镍硫化物矿床铂族矿物特征、成因及其形成过程[J]. 吉林大学学报(地), 2011, (s1): 114 - 125.

[124]SAN J, QIN K, TANG Z, TANG D, SU B, SUN H, XIAO Q, LIU P. Precise zircon U - Pb age dating of two mafic-ultramafic complexes at Tulargen large Cu - Ni district and its geological implications. [J]. ACTA PETROLOGICA SINICA, 2010, 26(10): 3027 - 3035.

[125]秦克章，丁奎首，许英霞，孙赫，徐兴旺，唐冬梅，毛骞. 东天山图拉尔根、白石泉铜镍钴矿床钴、镍赋存状态及原岩含矿性研究. [C]. 中国科学院地质与地球物理研究所 2007 学术论文汇编, 2008: 1 - 14.

[126]冯延清，钱壮志，段俊，徐刚，陈炳龙. 新疆喀拉通克铜镍矿镁铁质岩体形成时代、岩浆源区与成矿作用[J]. 地质论评, 2017, (B04): 187 - 188.

[127]丁汝福，卫晓锋，潘东，李春霞，姚飞. 新疆富蕴县阿克塔斯金矿地质特征及找矿前景[J]. 矿床地质, 2014, (s1): 923 - 924.

图书在版编目（CIP）数据

新疆喀拉通克铜镍矿成矿规律与找矿预测 / 张森森，戴塔根，邹海洋著. --长沙：中南大学出版社，2017.10

ISBN 978-7-5487-2834-4

Ⅰ.①新… Ⅱ.①张… ②戴… ③邹… Ⅲ.①铜矿床—成矿规律—新疆 ②铜矿床—找矿—预测—新疆 ③镍矿床—成矿规律—新疆 ④镍矿床—找矿—预测—新疆 Ⅳ.①P618.410.1 ②P618.630.1

中国版本图书馆 CIP 数据核字(2017)第 145100 号

新疆喀拉通克铜镍矿成矿规律与找矿预测

XINJIANG KALATONGKE TONGNIEKUANG CHENGKUANG GUILÜ YU ZHAOKUANG YUCE

张森森　戴塔根　邹海洋　著

□**责任编辑**　刘石年

□**责任印制**　易红卫

□**出版发行**　中南大学出版社

社址：长沙市麓山南路　　邮编：410083

发行科电话：0731-88876770　　传真：0731-88710482

□**印　　装**　长沙超峰印刷有限公司

□**开　　本**　720×1000　1/16　□**印张** 11.5　□**字数** 228 千字

□**版　　次**　2017 年 10 月第 1 版　□2017 年 10 月第 1 次印刷

□**书　　号**　ISBN 978-7-5487-2834-4

□**定　　价**　60.00 元